建筑钢笔
设计手绘表现技法

向慧芳 编著

清华大学出版社
北京

内 容 简 介

本书以建筑钢笔设计表现为核心，结合建筑设计配景元素，建筑设计局部，建筑设计综合手绘表现的步骤解析，全面地诠释了建筑钢笔设计手绘的表现技巧。本书实例丰富全面，步骤讲解详细，并对手绘的各部分重点知识进行了细节分析，具有很强的针对性和实用性，以便读者直接了解与学习建筑钢笔设计手绘的表现技巧。

本书可以作为高等院校、高职高专以及各大培训机构的环境艺术、城市规划、园林规划、室内设计与产品设计等相关专业的教材，也可作为建筑设计爱好者的参考用书。

图书在版编目（CIP）数据

建筑钢笔设计手绘表现技法 / 向慧芳编著. --北京：清华大学出版社，2016
（设计手绘教学课堂）
ISBN 978-7-302-43829-8

Ⅰ.①建⋯　Ⅱ.①向⋯　Ⅲ.①建筑设计—钢笔画—绘画技法　Ⅳ.①TU204

中国版本图书馆CIP数据核字（2016）第101722号

责任编辑：秦　甲
封面设计：张丽莎
责任校对：周剑云
责任印制：刘海龙

出版发行：清华大学出版社
　　　　网　　　址：http://www.tup.com.cn，http://www.wqbook.com
　　　　地　　　址：北京清华大学学研大厦A座　　　　邮　　　编：100084
　　　　社 总 机：010-62770175　　　　邮　　　购：010-62786544
　　　　投稿与读者服务：010-62776969，c-service@tup.tsinghua.edu.cn
　　　　质 量 反 馈：010-62772015，zhiliang@tup.tsinghua.edu.cn
印 装 者：北京亿浓世纪彩色印刷有限公司
经　　销：全国新华书店
开　　本：185mm×260mm　　　印　　张：15.75　　　字　　数：300千字
版　　次：2016年7月第1版　　　印　　次：2016年7月第1次印刷
印　　数：1～3000
定　　价：62.00元

产品编号：066567-01

前言/Preface

关于建筑钢笔设计手绘表现技法

  随着时代的发展与艺术设计的进步，设计手绘效果图越来越受到广大设计人员的青睐。建筑钢笔绘画表现是相关专业和从业者必备的基本技能之一，手绘在现代设计中有着不可替代的作用和意义。

本书编写的目的

  编写本书的目的是使广大读者了解建筑钢笔绘画的表现技法和表现步骤，能够清楚地认识到如何把设计思维转化为表现手段，如何灵活地、系统地、形象地进行手绘表达。

读者定位

- 高校建筑设计、室内设计、园林景观、环境艺术设计等专业的在校学生马克笔手绘教材。
- 各培训机构马克笔手绘教材。
- 美术业余爱好者、马克笔手绘爱好者的自学教程。
- 装饰公司、房地产公司以及相关从业者的参考用书。

本书优势

全面的知识讲解

  本书内容全面，案例丰富多彩，知识涵盖面广，透视关系、画面构图、材质表现等都有讲解，并且案例表现从建筑设计配景、建筑设计局部过渡到建筑大空间的钢笔手绘综合表现。

丰富的案例实践教学

  打破常规同类书籍中的内容形式，本书更加注重实例的练习，不仅包括植物、石块、水景、交通工具、人物等配

景元素的表现，而且包括乡村建筑、城市建筑、商业建筑、文化建筑等钢笔手绘的综合表现，采用手把手教学的方式来讲解钢笔手绘写生技法。

多样的技法表现

本书建筑手绘表现技法全面，既有钢笔黑白表现建筑设计透视实践线稿练习，也有针管笔绘制建筑设计手绘效果图。

直观的教学视频

本书附赠超值的学习套餐，包括电子课件、教学视频。视频可通过读者QQ群免费下载，其内容与图书相辅相成，读者可以把图书和视频结合，提高学习效率。

本书作者

本书主要由向慧芳编写，并负责全书的统稿工作。参加本书编写和资料整理的还有：李红萍、陈运炳、申玉秀、李红艺、李红术、陈云香、陈文香、陈军云、彭斌全、陈志民、林小群、刘清平、钟睦、刘里锋、朱海涛、廖博、喻文明、易盛、陈晶、张绍华、黄柯、何凯、黄华、陈文轶、杨少波、杨芳、刘有良等。

由于作者水平有限，书中难免存在疏漏之处，敬请广大读者批评、指正。

编　者

CONTENTS 目录

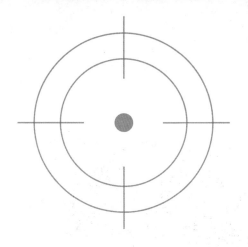

第1章

手绘概述与工具的选择

第2章

手绘基础线条

第3章

明暗关系的表现

第4章

手绘透视与构图原理

第5章

手绘材质表现

第6章

建筑设计配景手绘表现

第7章

建筑局部手绘表现

第8章

建筑钢笔手绘综合表现

第9章

作品赏析

初学者在学习建筑钢笔设计手绘之前，要对手绘的基础理论知识进行了解，这是学习手绘的必要准备。本章主要讲解了建筑钢笔手绘概述和绘图工具的选择，为后面各章内容的学习打下良好的基础。

手绘概述与工具的选择　　第 1 章

1.1　建筑钢笔手绘概述

　　手绘作为一个广义的概念，是指依赖于手工完成的一切绘画作品的过程。钢笔手绘就是采用钢笔与墨水进行的一种手绘形式，是设计师必备的技能。钢笔手绘是具有丰富表现力的一种手绘形式，它既具有铅笔素描多层次排线的表现性能，又具有中国画毛笔白描单线的表现性能，甚至还具有黑白版画、装饰插画的表现特点。设计师通过手绘的方式表现出自己的设计思想，将脑海中模糊的形象与概念清楚地表现在纸张上。

　　建筑钢笔手绘就是以建筑环境为表现对象，以钢笔为绘图工具，通过手绘的形式了解建筑的形态结构、造型比例、材料色彩以及建筑与周围环境的关系等，使设计师的感受认知得到升华，从而为建筑设计获得更多的创作素材。建筑设计师可以通过手绘向头脑中输入信息，这比读书、看图片的感受更加深刻。建筑钢笔手绘是培养设计师对于形态分析理解和表现的好方法，也是培养设计师艺术修养和技巧行之有效的途径。

　　建筑钢笔手绘最大的特点是生动、灵活、随性，画面中的线条有节奏感，能够表现出绘画者自然轻松的手绘情绪。下图是欧式建筑钢笔手绘，作品中的线条严谨又不失灵动，画面中的线条疏密有序，表现出画面的明暗关系，使画面看起来更具空间立体感。

1.2 建筑钢笔手绘的表现形式

建筑钢笔手绘的表现形式主要有线描形式、点线形式和线面形式几种。

1.2.1 线描形式

线描是钢笔画的一种绘画方法，也是常用的一种手绘形式。线描就是用钢笔绘制线条来表现画面的形象和结构，它主要讲究线条的节奏感和流动感。好的线描作品更具有超凡的艺术格调。线描可以锻炼初学者的线条造型能力，希望读者加以重视，熟练掌握并灵活运用。

1.2.2 点线形式

　　在钢笔手绘表现中，点线形式也是一种常用的手绘形式。点线就是用钢笔绘制线条和点相结合来表现画面的形象和结构。钢笔手绘中用点来表现画面的光影很有效果，但是耗时会比较长，因此用点线相结合的画法来表现画面的光影与明暗，通常可以达到事半功倍的效果。

1.2.3 线面形式

线面形式是钢笔手绘表现中最常用的一种表现形式,就是用钢笔绘制明暗色调,通过黑白对比将画面清晰地呈现出来。这种绘制方式表现出来的画面对比十分强烈,具有很强的视觉冲击力。

1.3 建筑钢笔手绘的作用与意义

    随着社会的发展以及工作的需要，很多设计师越来越依赖计算机绘图，往往会忽视手绘对一个设计师的重要性。在学习、工作、生活中很多的灵感都是瞬间的，需要我们快速地记录下来。建筑钢笔手绘所用的工具简单，表达方式直观，能够快速记录绘画者的设计灵感，是建筑设计最为理想的表现形式。同样，它除了直观表现实际场所之外，还能训练绘画者的思维能力、造型能力和想象能力，这对于一个优秀的设计者来说是非常重要的。它不仅体现出设计者的绘画功底，还能体现出设计者的艺术修养。

    总之，建筑钢笔手绘简单而实用，为设计师的创作提供灵感，打下坚实的基础。建筑钢笔手绘不仅对建筑设计具有重要的意义，还对相关的景观设计、规划设计、室内设计等专业设计的构思与表达有着同等重要的意义，它是计算机设计不可替代的，就像照相机发明几百年也不能取代绘画一样。如果掌握这种简单而实用的手绘表现形式，就能更好地表现出设计思想，使设计更加完美。

1.4 建筑钢笔手绘训练方法

在学习初期可以通过写生和临摹照片来练习手绘，通过写生和临摹理解建筑的空间形状、结构特征、透视关系、明暗和光影关系之间的联系，提高处理整体画面黑白灰层次的对比与虚实对比的能力。

1.4.1 临摹

临摹是手绘中最常见的一种学习方法，在临摹的过程中对作品进行分析总结，掌握用笔、用色及画面处理的技巧，研究绘图规律。建筑钢笔手绘表现可以是单纯的绘图，也可以是利用笔来思考。一般初学者是从单纯的绘图开始学习，一步一步深入理解手绘的含义。首先初学者可以通过大量的图片临摹，来培养内在的修养，然后再结合自己的思想，进行思考，构思设计方案。

1.4.2 写生

写生是培养设计师的观察能力、表达能力以及提高审美修养的有效途径。写生还可以为手绘效果图的创作积累更多的视觉符号和素材，从写生中获取处理画面的能力和经验。写生的过程中，手绘者一定要注意把握画面空间的主次关系，去繁从简，突出画面的主体，准确地表现出物体的主要特征，加以高度的线条提炼。

1.5 手绘工具的介绍

手绘类的绘图工具和材料多种多样，但钢笔手绘的工具与材料，相对于其他手绘形式，就非常的简单。包括一些常用的笔类、纸类与其他辅助工具等，本节简单地介绍几种常用的工具。

1.5.1 常用笔类

笔是手绘中必不可少的工具，在建筑钢笔手绘表现的技法中常用的有普通钢笔、美工笔、针管笔、中性笔、铅笔等。

1．普通钢笔

钢笔是最常见的工具，它书写流畅，本身可以贮存墨水，在使用和携带上都非常方便。钢笔绘制的线条具有独特的魅力，刚劲有力、挺拔而又潇洒，能够很好地体现建筑特征。钢笔绘制的画面黑白对比强烈，画面效果细密紧凑，可以对建筑进行精细的刻画。

2．美工笔

美工笔是将钢笔笔尖加工成弯曲状的笔，由于笔尖可粗可细，使用时可以根据力度的大小和笔尖的方向，绘制出粗细不一、变化丰富的线条，从而增加线条的表现力和画面的感染力。美工笔的笔法接近毛笔的笔法，比较适合乡村风景钢笔速写。美工笔的使用可以掩盖很多错误，误导初学者，所以不推荐初学者使用美工笔。

3. 针管笔

针管笔是设计中常用的工具，尤其是在建筑设计中经常使用。针管笔的笔尖具有弹性，绘制的线条均匀，只有使用不同型号的笔时才可画出粗细不一的线条。针管笔更具稳定性，一般不会漏墨。

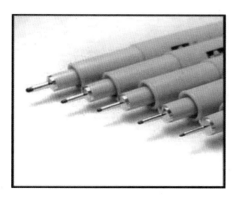 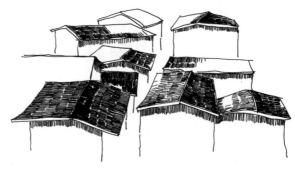

4. 中性笔

中性笔是目前使用最为广泛的书写工具，它出水很流畅，在手绘设计中画出的线条粗细较均匀、生动活泼，绘制的线条感觉与钢笔很相似。但中性笔的出水太过流畅，不太好控制。

5. 铅笔

铅笔是一种传统的绘画工具，在钢笔手绘中常用来绘制底稿，便于修改。铅笔一般分为软铅笔和硬铅笔，软铅笔的标注是 B，硬铅笔的标注是 H。铅笔绘制的线条流畅润滑，有粗细与浓淡的变化，层次丰富，画面生动，能够很好地表达建筑的明暗关系。因此，仅用几只铅笔便能描绘出画面结构及光影变化，我们所说的素描便是利用了铅笔绘图的这种特性。

1.5.2 不同纸类

　　建筑钢笔手绘对纸张的要求不高，除了要表现特殊的效果，一般的素描纸、速写纸、水彩纸、布纹纸、复印纸、有色卡纸，甚至是宣纸都可以作为画纸。但画纸对图画效果影响很大，钢笔画面的细节肌理常常取决于纸的性能，利用这种差异可使用不同的画纸表现出不同的艺术效果。绘画者也可以根据自己的绘画风格和喜好选择适合自己作品的纸张类型。

素描纸

速写纸

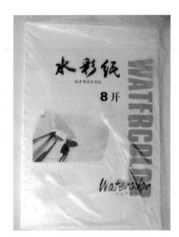

水彩纸

布纹纸

复印纸

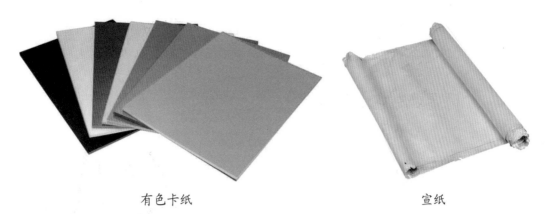

有色卡纸   宣纸

提示

　　手绘初期大家可以选用复印纸来练习，其性价比较高，非常适合手绘设计的练习。

1.5.3 其他工具

　　钢笔手绘表现的工具除了要用到上面介绍的材料之外，还有小刀、尺子、墨水、高光笔、橡皮、画夹等，这里就不再作详细的介绍了。

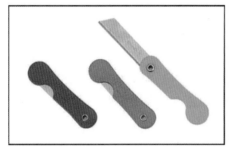

小刀

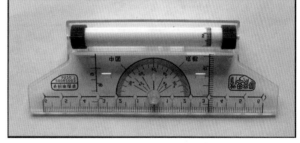

尺子

墨水

高光笔

橡皮

画夹

画架

1.6 手绘姿势

许多初学者在学习手绘的过程中不注意绘图的姿势，导致完成的画面脏乱不清晰。初学者在一开始就要养成良好的作画习惯，正确的手绘姿势有利于准确把握画面关系，有效地提高手绘表现能力。

1.6.1 握笔姿势

在练习线条之前，首先要掌握正确的握笔姿势，这是画好一张钢笔手绘作品的前提，下面将针对正确的钢笔握笔姿势进行举例，建议大家要多加练习。

1. 正确的握笔姿势

正确的握笔姿势是学好绘画的重要前提，手绘时的握笔姿势有几种，可以按常规握笔，也可以加大手与笔尖的距离悬起手腕握笔，其次可以悬肘握笔。画线时尽量以手肘为支点，靠手臂运动来画线，手腕不要活动，这样可以控制线的稳定性。初学者可以循序渐进地掌握握笔姿势，不做强制训练要求。

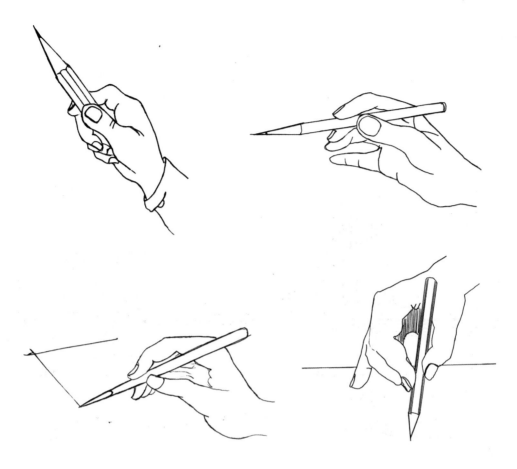

2. 错误的握笔姿势

1）手掌侧面着纸

手掌侧面着纸是一种典型的错误握笔姿势，不仅不利于运线，也不利于保持画面的整洁。

2）女孩握笔姿势

女孩握笔也是常见的错误握笔姿势，这样的握笔方式在力度和角度上都非常不利于运线，应改正这种握笔的习惯。

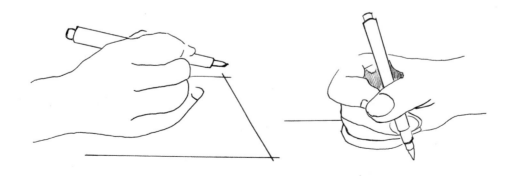

1.6.2 / 坐姿

　　坐姿也是影响画面效果的重要因素之一。绘图时如果不能保持正确的坐姿，就很难画出理想的线条，也不利于保护视力。正确的坐姿是在进行绘制时，头部与绘图纸保持中正，眼睛与画面的距离保持在 30cm 以上，目光观测整个画面，保持整体画面的平衡。如果条件允许，建议大家使用设计台。

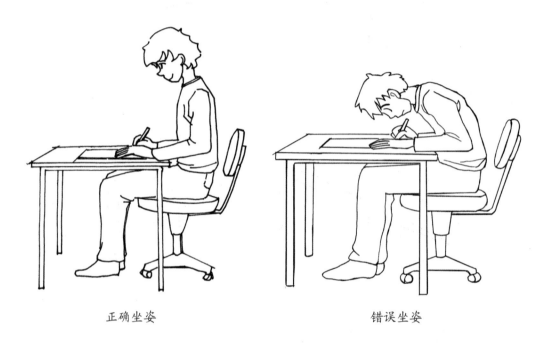

正确坐姿　　　　　　　　　　　　　　错误坐姿

线条的练习是建筑钢笔手绘表现的基础，不可急于求成，需要长期坚持。熟练掌握并运用各种线条是手绘的重中之重，本章主要讲解手绘基础线条的练习。

手绘基础线条

第 2 章

2.1 线条的意义

线条是造型艺术中最重要的表现元素之一，看似简单，其实千变万化。线条不仅是一种绘画技巧，也是手绘设计的基本表现形式。在建筑钢笔手绘表现中，线条长短、粗细、曲直、疏密的运用，以及抑扬顿挫的人为控线手法，使线条本身极具形式感和丰富的表现能力。一幅图画中的线条具有比形体更强的抽象感，同时还具有较强的动感、质感与速度感。因此，线条是手绘中最重要的一部分，是手绘练习不可缺少的步骤。

2.2 线条形式

在钢笔手绘表现中，线的表现形式有很多种，常见的几种形式有直线、曲线、弧线、抖线、乱线、折线、斜线、圆等，下面简单地介绍几种常见的线型。

2.2.1 直线

直线是点在同一空间内沿相同或相反方向运动的轨迹，其两端都没有端点，可以向两端无限延伸。在手绘中我们画的直线有端点，雷同于线段，这样画是为了线条的美观和体现虚实变化。直线的特点是笔直、刚硬，不容易打断。手绘表现中直线的"直"并不是说像尺子画出来的线条那样直，只要视觉上感觉相对的直就可以了。

1. 手绘直线的特点

（1）整个线条两头重中间轻。

（2）可局部弯曲，整体方向较直。

（3）短线快速画，长线可分段画。

（4）线条相接，一定要出头，但不可太过。

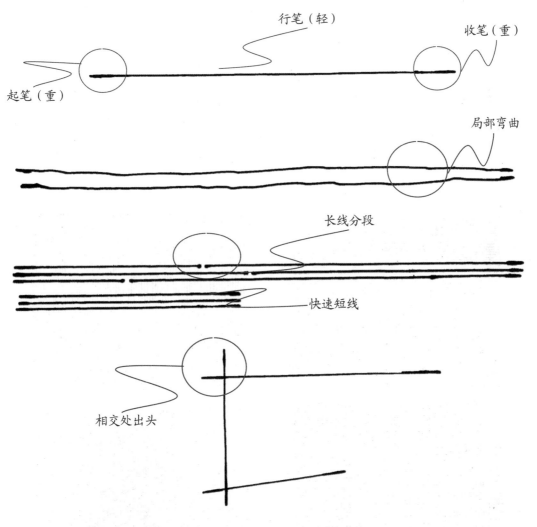

2. 练习直线时的典型错误

（1）线条毛躁，反复描绘。

（2）过于急躁，线条收笔带勾。

（3）长线分段过多，线条很碎。

（4）线条交叉处不出头。

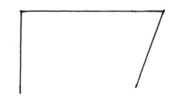

3．练习直线的方法

直线的绘制是手绘最基本的技能，直线的练习对提高线条的平衡感有很大的帮助，应反复练习竖线、横线和不同方向的直线，速度要快，忌断线。直线的练习除了长期的坚持，还要正确的方法，作业量要多。直线的表现有两种方式，一种是尺规绘制，另一种是徒手绘制。这两种表现形式可根据不同情况进行选择。

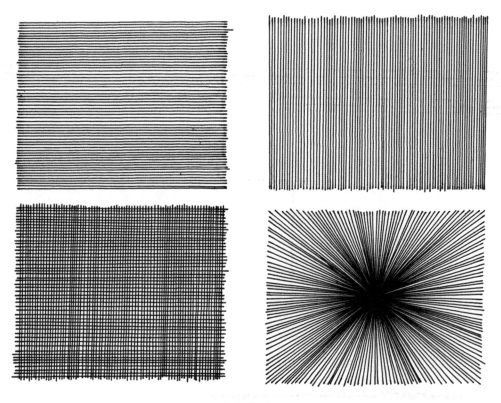

尺规练习

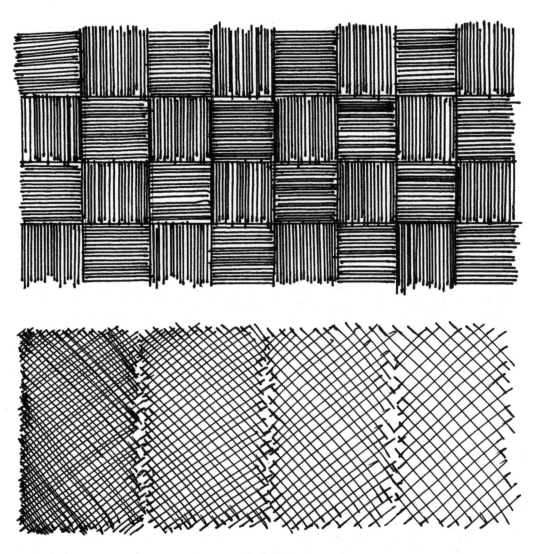

徒手练习

2.2.2 曲线与弧线

　　曲线与弧线是非常灵活且富有动感的一种线条，画曲线一定要灵活自如。曲线在手绘中也是很常用的线型，它体现了整个表现过程中活跃的因素。在运用曲线时一定要强调曲线的弹性、张力。在练习曲线的过程中，应注意运笔的方法，多练习中锋运笔、侧锋运笔、逆锋运笔，从中体会不同运笔带来的笔法。练习曲线、弧线时应把心情放松，才能达到行云流水的效果，赋予线条生动的灵活性。

曲线

弧线

2.2.3 抖线

  抖线是钢笔随着手的抖动而绘制的一种线条，是线条中最美的线条，其特点是变化丰富、机动灵活、生动活泼。抖线讲究的是自然流畅，即使断开也要从视觉上给人连续的感觉。抖线又称"随意的线"，但并不是指随意乱画的线，它是指给人一种轻松随意的感觉。

抖线的练习注重虚实的变化，可以排列得较为工整，通过抖线的有序排列可以形成各种不同疏密的面，并组成画面中的光影关系。抖线可以穿插于各种线条之中，与其他线型组织在一起构成空间的效果。

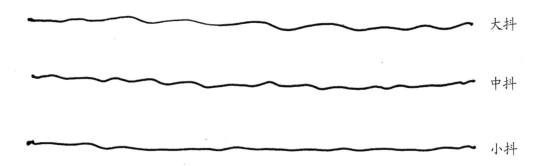

2.2.4 乱线

乱线也叫植物线，画线的时候尽量采取手指与手腕结合摆动的方式，注意线条不要犹豫、停顿，要保持线条的流畅与飘逸。植物线的表现方式有很多种，常见的有以下几种。

（1）"几"字形的线条用笔相对硬朗，常用于绘制前景树木的收边树。

（2）U字形的线条用笔比较随意，常用于绘制远景植物。

（3）m字形的线条用笔较常见，常用于平面树群的表现。

（4）"针叶"字形的线条用笔要按树叶的肌理进行绘制，注意其连贯性与疏密性，常用于绘制前景收边树。

"几"字形线条

"U"字形线条

"m"字形线条

"针叶"字形线条

第2章 手绘基础线条

21

2.3 线条的运用

钢笔画线条的练习讲究简洁、大气、富有韧性，要求笔尖迅速划过纸面，运笔要肯定、快速、稳重，下面将针对手绘中常用的钢笔线条运用进行讲解。

2.3.1 线条的练习

掌握线条的练习对于初学者来说非常重要，这就要求初学者利用休闲的时间进行大量的练习，只有通过不断地反复练习，熟练掌握手中的绘图工具，做到运用自如，才能画好手绘图。简单来说，手绘效果图就是运用不同线条的组合，表现出不同的图案、纹理。

【绘制步骤】

（1）在下笔之前，首先要在脑海中有一个大概的构思与画面的构图位置，然后按照从左至右、从前至后的作画原理，绘制画面左边的近景植物，注意植物叶子的特征与前后穿插的位置关系。

（2）继续往右绘制近景植物，绘制乔木树干时，长线条可以采用分段绘制的方法，注意线条的流畅性。

（3）按照从前至后的作画原理，从建筑局部开始绘制，勾出画面建筑左侧的结构。注意近景植物与建筑的遮挡关系。

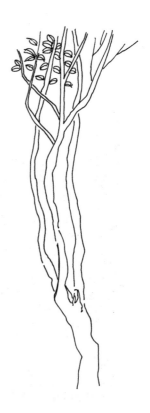

（4）继续往右绘制建筑的细节结构。注意建筑结构之间的转折，建筑的轮廓用线要准确、肯定、流畅。

（5）接着往右绘制建筑的结构，完成主体建筑的绘制。注意横线、竖线的运用。图画绘制的是小木屋建筑，运用慢线条能够更好地表现木材材质。

（6）绘制建筑周围的配景植物，增强画面的气氛。绘制地被植物时注意线条疏密关系的排列，亮部要适当留白。

（7）继续给画面添加远景，丰富画面的空间层次。注意远景植物的绘制只要画出大概的轮廓线与明暗对比即可。

（8）用钢笔加重画面暗部的结构线，加强画面的空间立体感，整体调整画面，完成绘制。

2.3.2 线条练习方式

线条的练习除了需要持久的恒心，还需要找到有效的方法，让枯燥的线条练习也变得很有趣。手绘中线条的练习方式有很多种，一般包括写生、默写和临摹。

1. 写生

手绘写生练习的是手眼的协调能力，写生不仅可以练习线条，还可以练习物体的抓形。运用流畅的线条把物体的形抓准了，就为手绘打好了基础，为后面画好建筑钢笔手绘图做了充分的准备。

2. 默写

手绘默写可以锻炼绘画者对图画和景象的记忆能力及主动造型能力，超长的记忆能力是绘画者必备的素养之一，通过默写可以记住线条的不同画法与运用，对画好建筑钢笔手绘有很大的帮助。

3. 临摹

临摹可分为两种，主动临摹和被动临摹。被动临摹是把原稿丝毫不差地复制下来。

主动临摹是从原稿中吸取精华，获取许多灵感和技法，达到学习的目的。在学习手绘时，建议初学者可以主动临摹原稿，掌握线条的画法与运用技巧。

总之，钢笔手绘的练习不同于铅笔素描，对于初学者来说，在线的灵活运用掌控上很难把握。初学者可以根据自己的习惯与爱好选择性地练习，也可以结合上述三种方式进行练习。

2.4 线条练习时常见的问题

线条的练习对于初学者来说非常重要，它决定了效果图的美观性。在大量练习手绘线条的过程中，要找到适合自己的方法和途径。在练习的过程中还要注意常见的一些问题，只有正确的练习方式才能提高初学者的手绘能力。

练习线条时常出现的问题如下所述。

1. 线条不整齐，草草了之

最开始的练习中，许多初学者因为急于求成、心境不稳，从而不能脚踏实地的一笔一笔去画，画面的线条不整齐，使画面显得凌乱潦草。建议在一张废纸上先试着画一些自己喜欢的东西，慢慢地调整心情，情绪稳定下来之后再开始作图。另外，有些初学者虽然经过反复练习但仍是迟迟达不到效果或者练习了很多也没有提高而心情烦躁，这种时候也不能急躁，因为手绘是一个需要大量练习的技能，只要坚持就可以成功。

2. 线条断断续续，不流畅

手绘过程中用线要自然流畅，用笔的速度不需要刻意地去调整。通过大量的练习自然而然就会明白，哪里需要快速的线条，哪里需要缓慢的线条。

3. 线条反复描绘

手绘表现和素描不同，素描可以通过反复的描线来确定形体，而手绘则需要一次成型，特别忌讳反复描绘，这样画面会显得不肯定而且脏乱。

4. 画面脏乱

在手绘过程中，保持画面的整洁和完整性是一个初学者应该具备的基本素质，这一点非常重要，需要格外注意。那么造成画面脏乱的因素有哪些呢？下面将针对导致画面脏乱的几大原因进行分析。

（1）纸张受潮。由于纸张具有吸湿性，所以潮湿的天气会使纸张出现受潮现象，感觉润润的。这种状态的纸张是不适合用来作画的，在手绘前需要更换完好的纸张或者对受潮的纸张进行干燥处理。

如果使用受潮的纸张绘制，那么墨水会出现晕染现象，从而导致画面脏乱。所以日常需要对纸张进行防潮保护措施。

（2）墨水渗透。墨水是绘制钢笔画的重要工具之一，但是由于墨水容易渗入纸内，并且可能渗到纸的背部。所以在绘制时需要用多余的纸张铺垫在画面的底部，这样可以有效避免因墨水渗透而造成画面脏乱。

（3）姿势不正确。画好手绘，正确的姿势也是重要因素。而在钢笔画手绘中，握笔姿势不正确，会直接影响画面的整洁。

当手离画面太近或直接放置在纸张上时，手与画面中未干透的线条发生摩擦造成污点，是不正确的。而正确的姿势是手要与画面保持适当距离，并且待画面干透之后再继续绘制。

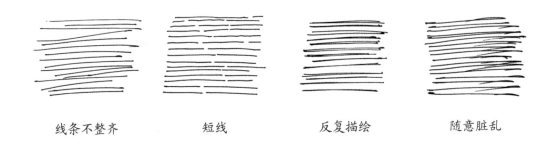

线条不整齐　　　　短线　　　　反复描绘　　　　随意脏乱

2.5 课后练习

1. 绘制不同的几何形体练习线条。

2. 绘制简单的单体物体练习线条。

在建筑钢笔手绘中，光影明暗的表现会使画面具有光感、体积感和空间感。可以增强物体和空间之间的关系，使物体更加清晰、层次分明，并且还可以营造空间氛围。所以，明暗关系的表现在手绘效果图中占据着不可或缺的地位，但是想把画面的明暗效果表现得很准确却是比较困难的，本章主要讲解图画中明暗关系的表现。

明暗关系的表现

第 3 章

3.1 光影与明暗的内涵

　　光影现象的产生是自然界中物体受到光线照射的结果，它是由于光线直进的特性，遇到不透光物体而形成的一个暗区，俗称"投影"。投影的形状受形体的制约，也受光源位置的制约，投影轮廓的清晰度和明暗程度受光源形体距离远近的影响。

光影图一　　　　　　　　　　　　　　　　　光影图二

　　有光线的地方就有阴影出现，两者是相互依存的。反之，可以根据阴影寻找光源和光线的方向，从而表现出一个物体的明暗色调，光影是产生明暗层次的前提，光不能改变物体的形状和质地，但却能够影响形体的明暗关系。

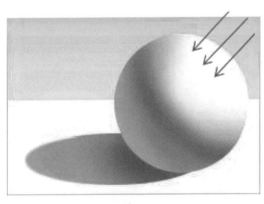

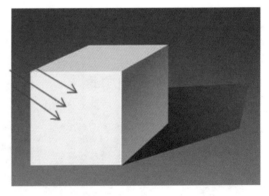

球体　　　　　　　　　　　　　　　　　立方体

　　图画中绘制光影明暗时，首先要对绘制对象的形体结构有一个正确的认识和理解。因为光线可以改变影子的方向和大小，但是不能改变物体的形态和结构。由于物体并不是规矩的几何体，所以各个面的各个朝向不同，色调、色差、明暗都会有所变化。有了光影变化，手绘表现才有了多样性和偶然性。所以，必须抓住形成物体体积的基本形状，即物体受光后所出现的受光和背光部分以及中间层次的灰色，也就是通常所说的三大面：亮面、暗面和灰面，是光影与明暗造型中的三大面，也是三维物体造型的基础。尽管如此,三大面在黑、白、灰关系上也不是一成不变的。亮面中有最亮部和次亮部的区别,暗面中同样有最暗部和次暗部的区别,而灰面中也有浅灰部和深灰部的区别。

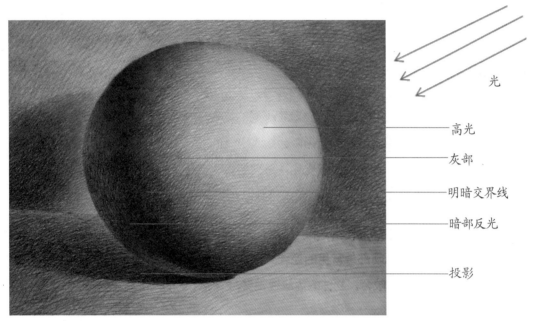

光

高光

灰部

明暗交界线

暗部反光

投影

　　一幅建筑钢笔手绘图,光影、明暗的对比是形象构成的重要手段。光影、明暗关系是因光线的作用而形成的,光影效果可以帮助人们感受对象的体积、质感和形状。在手绘效果图中,利用光影现象可以更真实地再现实际场景。

第3章

明暗关系的表现

3.2 光影与明暗的表现形式

手绘图中光影与明暗的表现形式有线条表现、线与点的结合表现两种。画面光影与明暗的刻画可以让画面中的物体更具厚重感。

3.2.1 线条表现

手绘画面的色调可以用粗细、浓淡、疏密不同的线条来表现，绘画时应注意颜色的过渡。不同线条不同方向排列组合绘制的光影，会给人不同的视觉感受。但建筑钢笔手绘不需要像素描那样刻画出较全而微妙的过渡变化，只需要着重交代清楚结构区域即可。下面是钢笔手绘中常用的横向排线、竖向排线、斜向排线以及交叉排线的表现方法。

1. 横向与竖向排线

横向与竖向排线是画暗部最常用的处理方法，从技法上来讲是需要把线条排列整齐就可以了，注意线条的首尾咬合，物体的边缘线相交，线条之间的间距尽量均衡。

2. 斜向排线

斜向排线也是画暗部最常用的处理方法，一般区分于物体的结构线，排列线条在追求整体效果的同时也显得更加灵活些。

3. 组合排线

组合排线是在单线排列的基础上叠加另一层线条排列的结果，这种方法一般会在区分块面关系的时候用到。叠加的那层线条不要和第一层单线方向一致，而且线条的形式也要有变化。

下面将针对线条不同方向的排列画法进行介绍，如下图所示。

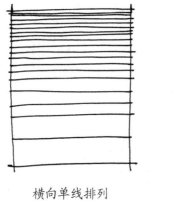
横向单线排列

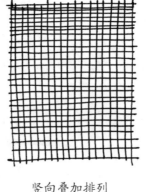
竖向叠加排列

斜向叠加排列

介绍了线条的各种排列画法之后，接下来将增加难度，把这些排列画法运用到几何形体的表现中。几何形体线条组合排列练习举例，如下图所示。

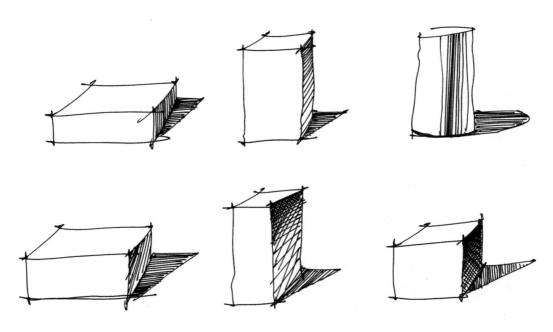

3.2.2 线与点的结合表现

在手绘表现中，线与点相结合的表现也是一种常用的方式。

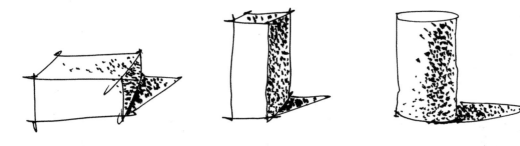

【绘制步骤】

（1）在下笔之前，首先要在脑海中有一个大概的作图构思，然后按照从左至右、从前至后的作画原理，绘制画面左边的近景植物。注意表现植物叶子、树干的特征与前后穿插的位置关系。

（2）继续往右绘制近景植物，用排列的线条绘制植物的暗部。亮部可以采用留白的形式，注意绘制植物的用线要自然、流畅。

（3）按照从前至后的作画原理，勾出画面中建筑的外形轮廓线。注意近景植物与建筑的遮挡关系。

（4）从建筑的局部开始仔细地绘制细节，首先勾出画面建筑左侧的细节结构。注意建筑墙面砖块纹理的表现，加重屋顶暗部的颜色，区分出明暗关系。

（5）继续往右绘制建筑的细节结构，注意建筑墙面不同石材纹理的表现。用横向排列的线条绘制建筑的暗部，注意用线要肯定、流畅。

（6）继续给画面添加阴影，增强画面的空间立体感。用比较短的线绘制草坪上的阴影，注意疏密关系的表现。

（7）仔细刻画画面的细节，丰富画面的内容。用点来绘制草坪，线与点相结合活跃了画面的气氛。

（8）为画面添加远景植物与天空，丰富画面的空间层次。注意用线要随意、自然，整体调整画面，完成绘制。

3.3 课后练习

1. 绘制简单的线条练习阴影不同的表现形式。

2. 绘制简单的几何体练习明暗关系的表现。

透视是一种视觉现象，有形、有体积的物体存在于空间中，在视觉上就会产生透视现象。在设计与手绘中，透视被广泛运用并且占有至关重要的地位，相当于画面的骨架。

因此，熟练掌握并运用透视关系是学习的重点。本章主要讲解建筑钢笔设计手绘中需要了解的基本透视与构图的原理，还有建筑设计手绘中常用到的透视与构图类型。除此之外，还会详细地讲解一些常见的问题，帮助初学者更好地掌握手绘知识。

手绘透视与构图原理

第 4 章

4.1 透视的基本概念

透视是通过一层透明的平面去研究后面物体的视觉科学。"透视"一词来源于拉丁文"Perspclre"（看透），故而有人解释为"透而视之"。最初研究透视是采取通过一块透明的平面去看静物的方法，将所见景物准确地描画在这块平面上，即成景物的透视图（如下图）。后遂将在平面画幅上根据一定原理，用线来表示物体的空间位置、轮廓和投影的科学称为透视学。

人的双眼是以不同的角度去看物体的，所以我们看物体时就会有近大远小、近明远暗、近实远虚，所有物体都会有往后紧缩的感觉，在无限远处物体交汇于一点，就是透视的消失点。透视对于建筑手绘也是非常重要的，一幅手绘透视不准确，图画就是失败的。

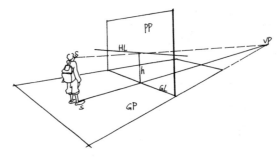

透视中常用的术语如下所述。

（1）视点（S）：人眼睛所在的地方。

（2）站点（s）：人站立的位置，即视点在基面上的正投影。

（3）视平线（HL）：与人眼等高的一条水平线。

（4）主点（CV）：中视线与画面垂直相交的点。

（5）视距：视点到心点的垂直距离。

（6）视高（h）：视点到基面的距离。

（7）灭点（VP）：透视点的消失点。

（8）地平线：平地向前看，远方的天地交界线。

（9）基面（GP）：景物的放置平面，一般指地面。

（10）视高（H）：视平线到基面的垂直距离。

（11）画面（PP）：用来表现物体的媒介面，垂直于地面而平行于观者。

（12）基线（GL）：基面与画面的交线。

 提示

透视的基本术语比较多，对于初学者，要熟记最重要的两个术语，即灭点和视平线。

4.2 透视的类型

透视是客观物象在空间中的一种视觉现象，包括一点透视（平行透视）、两点透视（成角透视）、三点透视（倾斜透视）和散点透视（多点透视）。

4.2.1 一点透视

1. 定义

一点透视即平行透视。假如把任何复杂的物体都归纳为一个立方体，一点透视就是说立方体在一个水平面上，画面与立方体的一个面平行，只有一个灭点（消失点）。简单的理解就是物体有一面正对着我们的眼睛。

2. 特点

一点透视只有一个消失点，具有很强的纵深感，表现的画面看起来比较沉稳、严肃和庄重。

提示

> 一点透视要注意灭点（消失点）的选择，稍稍偏移画面中心点1/3～1/4为宜，否则画面容易呆板，形成对称构图。

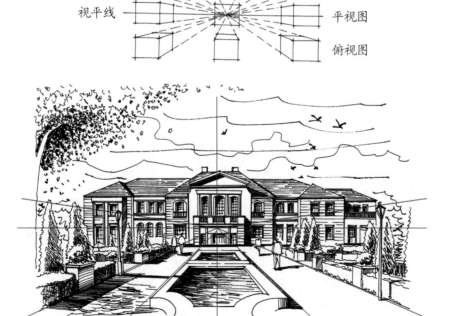

4.2.2 两点透视

1. 定义

两点透视即成角透视。两点透视就是把立方体画到画面上，立方体的四个面相对于画面倾斜成一定的角度时，往纵深平行的直线产生了两个灭点（消失点）。简单的理解就是物体两面成角正对着我们的眼睛。

2. 特点

两点透视有两个消失点，其运用范围较为普遍，表现的画面效果自由活泼，适合表现丰富和复杂的场景。

> 两点透视要注意站点的选择，如果站点选择不适合，就会造成空间物体的透视变形。

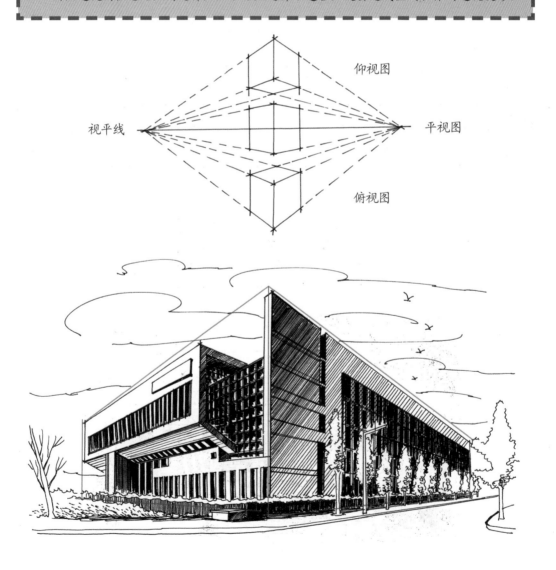

4.2.3 三点透视

1. 定义

三点透视即倾斜透视，有三个灭点（消失点）。可以理解为立方体相对于画面，它的面和棱线都不平行时，面的边线可延伸为三个消失点。简单的理解就是物体三面的顶点正对着我们的眼睛。

2. 特点

三点透视有三个消失点，多用于鸟瞰图，用来表现宽广的景物，可以将画面表现得更富有冲击力。

> **提 示**
>
> 三点透视要注意画面角度的把握，因为展现的角度比较广，如果把握不好，容易使画面不协调。

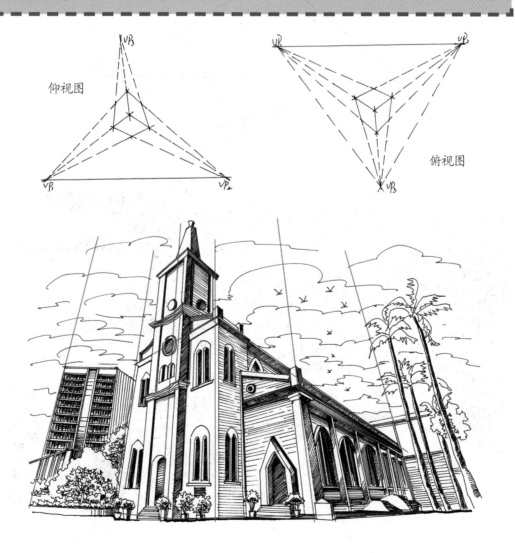

第4章

手绘透视与构图原理

43

4.2.4 散点透视

1. 定义

散点透视也叫多点透视。散点透视就是有多个消失点，在传统的中国画中比较常见。它是一点透视、两点透视和三点透视的综合运用，能比较充分地表现空间跨度较大景物的各方面。

2. 特点

散点透视有多个消失点，绘画者的视点是可以移动的。散点透视适合画大场景，比如整个城市、村庄、小区的场景。

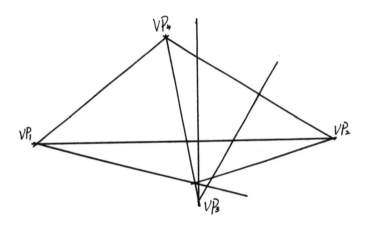

4.3 构图的定义与重要性

　　构图是手绘表现技巧的一个组成部分，是把各部分组合、配置并整理出一个艺术性较高的画面。建筑设计手绘中构图是对画面的内容和形式进行整体思考和安排。在建筑构图中强调主体，舍弃次要的东西，突出主体建筑物的表现。建筑手绘表现很大程度取决于如何构图，构图会直接影响作品的质量。构图表现得好就会使对象的位置、形状、材质、大小、色彩、明暗、质感等发挥出最大限度的艺术表现力，塑造出一幅完美的、有魅力的、灵动的画面。同时，构图本身就是一种强烈的艺术表达能力，它可以帮助受众直接从画面上获得绘画者的情感信息，产生情感的共鸣。

本图画突出主体，把主体建筑物绘制在画面的中心附近，使主体在画面中的位置得当，避免主体构图居中而显得呆板。

本图画运用对比手法，使画面前后有虚实关系的变化，拉开画面的空间层次，营造视觉中心的效果，使画面显得更加生动、丰富。

4.4 构图的类型

设计手绘表现中的构图方式有很多种，常见的构图方式包括三角形构图、九宫格构图、A 字形构图及 S 形构图等。

1. 三角形构图

这是绘画中常见的一种构图形式，给人以集中、沉稳且突出主体的感觉，在作图的过程中要注意等腰三角形的构图形式。

2. 九宫格构图

九宫格构图也称井字构图，实际是一种黄金分割的形式。也就是把画面平分成九块，在中心块上的四个点都符合"黄金分割定律"，可以用其中任意一个点的位置来安排主体的位置。这种构图呈现出变化与快感，使画面更具有活力。

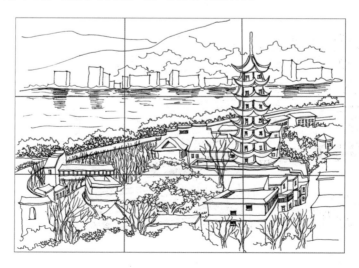

3．A字形构图

A字形构图具有极强的稳定感，具有向上的冲击力和强劲的视觉引导力。这种构图形式可以使画面产生不同的动感效果，而且形式新颖，主体思想鲜明。

4．S形构图

S形构图动感效果强，既动又稳，使画面中的优美感得到了充分的发挥，曲线的美感也在画面中得到充分的体现。S形构图可用于各种幅面的图画，在建筑设计中常用于表现远景大桥、河流湖泊等建筑景观的起伏变化。

4.5 构图的要点

在建筑设计手绘效果图中，学习构图是十分重要的。构图的要点主要包括取景的选择和构图的规律。

4.5.1 取景的选择

在绘制建筑手绘效果图之前，需要把握好取景的范围，这是建筑写生手绘中常见的问题。对此首先要掌握取景的核心要求，要有主次，要懂得取舍。在取景表现对象的时候，要尽量选择能够表现出对象特征的角度，不同的角度表现出来的景象是不同的，表现效果能够直接影响画面的结构。绘画中常见的取景即框景的方法有手框框景和自制纸板框框景。

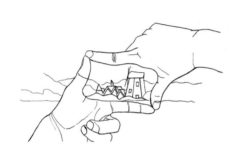 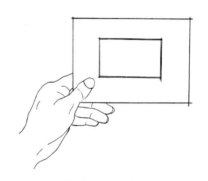

手框框景   自制纸板框框景

4.5.2 构图的规律

建筑手绘构图要掌握以下几种基本规律。

1. 均衡与稳定
均衡与稳定是构图中最基本的规律，建筑设计构图中的均衡表现稳定和静止，给人视觉上的平衡。其中对称的均衡表现较为严谨、完整和庄严；不对称的均衡表现较为轻巧活泼。

2. 统一与变化
构图时在变化中求统一，在统一中求变化。序中有乱，乱中有序。主次分明，画面和谐。

3. 韵律
图中的要素有规律地重复出现或有秩序地变化，具有条理性、重复性、连续性，形成韵律节奏感，给人以深刻的印象。

4. 对比

建筑构图中两个要素相互衬托而形成差异，差异越大越能突出重点。构图时在虚实、数量、线条疏密、色彩与光线明暗中形成对比。

5. 比例与尺度

构图设计中要注意建筑物本身和配景的大小、高低、长短、宽窄是否合适，整个画面的要素之间在度量上要有一定的制约关系。良好的比例构图能给人和谐、完美的感受。

4.6 常见构图问题解析

构图是作画时首先需要考虑的问题，画面中主体位置的安排要根据题材等内容而定。研究构图就是研究如何在室内空间中处理好各个实体之间的关系，以突出主题，增强画面艺术的感染力。构图处理是否得当、是否新颖、是否简洁，对设计作品的成败关系很大。

构图时常见的问题有：画面过大，即构图太饱满，给人拥挤的感觉；画面过小，即构图小，会使画面空旷而不紧凑；画面过偏，即构图太偏，会使画面失衡。

画面适当

画面过大

画面过小

画面过偏

建筑钢笔设计手绘表现技法

4.7 课后练习

1. 用一点透视绘制下图。

2. 用两点透视绘制下图。

3. 用三点透视绘制下图。

在建筑钢笔手绘效果图中，要画好不同材质的质感表现，就需要对每种材质的特点进行了解，然后根据不同材质的特点，运用不同的绘画技法，表达出材质的最佳效果。本章主要介绍几种建筑手绘中常见的材质，如石材、木质、玻璃等。

手绘材质表现

第 5 章

5.1 木材

木材是一种传统的室内、景观等设计材料，在建筑设计中得到了广泛的应用。大量木材的应用给人一种自然美的享受，尤其是在中国古代建筑设计中，木材有着不可替代的地位。

1. 人造木板

人造木板是以木材或其他非木材植物为原料，加工成单板、刨花或纤维等形状各异的组元材料，经施加(或不加)胶黏剂和其他添加剂，重新组合制成的板材。

2. 自然原木

原木是原条长向按尺寸、形状、质量的标准规定或特殊规定截成一定长度的木段，这个木段称为原木。在绘制过程中注意原木纹理的走向与变化，刻画出原木自然纹理的效果。

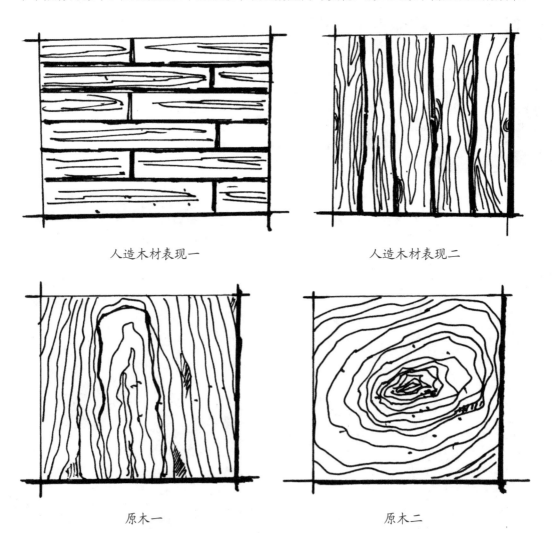

人造木材表现一　　　　　　　　　　人造木材表现二

原木一　　　　　　　　　　　　　原木二

5.2 石材

在建筑钢笔设计手绘中，石材的表现种类有很多，对不同石材的表现，掌握其纹理是至关重要的。景观设计装饰材料中，常见的石材有大理石、文化石、花岗岩、青石板等。使用石材装饰部位的不同，选用的石材类型也是不一样的。

1. 大理石

大理石板材色彩斑斓，色调多样，花纹无一相同。在绘制时，要表现出大理石的形态、色泽、纹理和质感。用线条表现大理石的裂纹时要自然随意，注意虚实的变化。

2. 文化石

文化石可以分为天然文化石和人造文化石两大类，可以作为室内或室外局部的一种装饰，绘制时要表现出它的形态、纹理和质感。手绘文化石时，注意纹理的表现用短曲线。

3. 花岗岩

花岗岩是深成岩，肉眼可辨的矿物颗粒。花岗岩不易风化，颜色美观，外观色泽可保持百年以上，由于其硬度高、耐磨损，是景观设计露天雕刻的首选之材。

4. 青石板

青石板常见于园林中的地面及屋面瓦等，质地密实，强度中等，易于加工，可采用简单工艺制作成薄板或条形材，是理想的建筑装饰材料。青石板常用于建筑物墙裙、地坪铺贴以及庭院栏杆（板）、台阶灯，具有古建筑的独特风格。

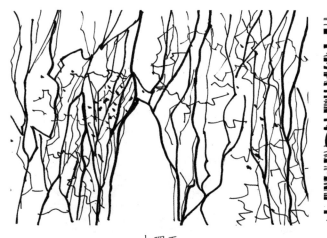

大理石

文化石

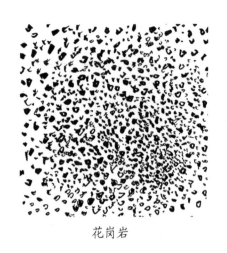

花岗岩

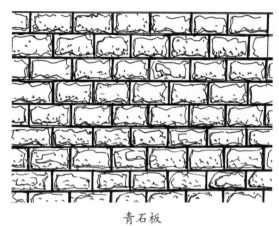

青石板

5.3 玻璃与金属材质

5.3.1 玻璃

玻璃是一种透明的固体物质，在设计中的应用是非常普遍的，门、窗户、家具都会用到。

1．平板玻璃

平板玻璃是平板状玻璃制品的统称，具有透光、透明、保温、隔声、耐磨、耐气候变化等性能。

2．夹丝玻璃

夹丝玻璃又称防碎玻璃。它是将普通平板玻璃加热到红热软化状态时，再将预热处理过的铁丝或铁丝网压入玻璃中间而制成。夹丝玻璃主要用于屋顶天窗和阳台窗。

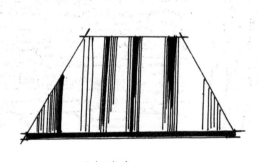

平板玻璃

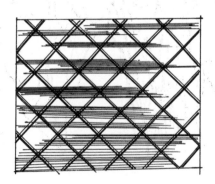

夹丝玻璃

金属材料的反光质感很重要，金属材质在线条的表达上和玻璃材质是相同的，主要区分光影和明暗关系。

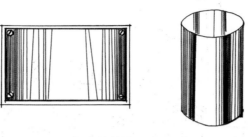

金属材料手绘表现

5.4 材质的综合表现

不同的材质表现给观者不同的视觉美感，材质的综合表现就是合理地搭配不同的材质，用不同的形式去表现，使画面的内容更加丰富。一幅建筑风景手绘图画，就是不同材质的综合表现。掌握不同材质的表现，有利于绘画者更好地表现手绘图画。

【绘制步骤】

（1）用铅笔勾出建筑大体的外形与结构的轮廓线，表现出建筑大概的外形特征，确定画面的构图。

（2）在铅笔稿的基础上，用钢笔勾出建筑准确的结构线，用自然的曲线勾出配景植物的轮廓线，注意线条的流畅性。

（3）用橡皮擦掉画面中多余的铅笔线，保持画面的整洁。

（4）继续用钢笔进一步绘制建筑屋顶的细节，注意瓦片纹理的表现。

（5）接着绘制屋顶烟囱的细节，注意砖块纹理的表现。

（6）用钢笔进一步绘制门窗的细节，绘制时注意门窗结构线的转折与玻璃材质的表现。

（7）接着绘制建筑墙面的细节，注意砖块纹理的表现，用点画法表现出砖块表面粗糙的纹理。

（8）继续绘制画面配景植物的细节，用排列的线条绘制植物的暗部，注意明暗关系的表现。

（9）给画面绘制地面铺装，注意线条的透视关系；接着绘制远景植物，注意用线要自然流畅。

（10）继续用排列的线条绘制建筑的阴影，增强画面的空间立体感，仔细刻画画面的细节，整体调整画面，完成绘制。

5.5 课后练习

1. 练习不同材质的绘制。

2. 练习材质综合运用的绘制。

在建筑设计手绘中，除了重点表现建筑主体之外，还有大量的配景要素。所谓配景，就是指陪衬建筑主体的环境部分，主要包括植物、山石、水景、天空、远山、人物、车和其他环境设施等。配景是根据建筑设计所要求的地理环境和特定环境而定的，它的运用不仅能显示主体物的尺度，判断物体的大小，而且可以调整画面平衡，引导视线，把观察者的视线引向画面的重点部位。总之配景可以表现出建筑主体设计的特点和风格特征，加强建筑物的真实感与画面的纵深感。

本章主要介绍配景植物、山石、水景、人物、交通工具、道路铺装、天空、远山等。

建筑设计配景手绘表现 第 6 章

6.1 植物

　　植物是建筑手绘配景中最常见的内容，作用在于烘托场景气氛，使画面更加的丰富。植物的表现具有很强的可变性，在画面中显得多变而不会单一乏味。植物的画法有很多种，主要是抓住植物的形态特征，不需要过细的描绘植物的物种。普通的植物表现形式都是比较概括的，简单而含蓄。

6.1.1 乔木

　　普通的乔木一般比较的高大，都是由主干向外生长的。在手绘中要注意树木的轮廓、姿态造型、用线要简洁，快速地表现植物配景。常见乔木如山银杏、玉兰、松树、白桦树、梧桐树等。

1. 乔木明暗关系的表现

　　表现乔木的明暗关系时，首先把它概括为最简单的几何形体，根据光源的方向进行球体的明暗分析。如果是树丛的表现，可以看成是多个球体的组合。绘制自然界中树木的明暗关系一般分为黑、白、灰三大面，明暗关系不宜过多，在画面中不要喧宾夺主。

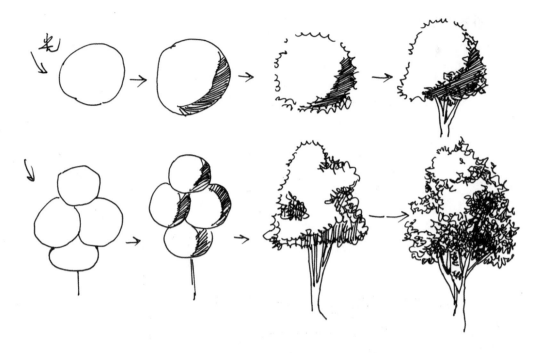

2. 乔木树干结构的表现

绘制树干时，一般是从下往上绘制，下面的树枝大，越往上越小。注意不要左右对称，左右的树枝长度都是不一样的，否则会显得死板。不同的树木其树干的画法不同，绘制时抓住它们的生长规律即可。

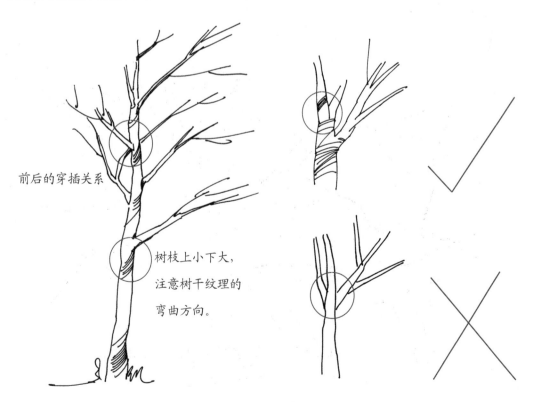

前后的穿插关系

树枝上小下大，注意树干纹理的弯曲方向。

3. 乔木的绘制

▶ **范例一** ◀

【绘制步骤】

（1）用钢笔勾出树木的主干，注意树干的上小下大的透视关系，用线要流畅。

（2）用钢笔继续绘制树干的分支，注意树枝之间的前后穿插关系。

（3）接着绘制树干的细节，用排列的短线条绘制树干的纹路，注意线条的排列方向与明暗关系的表现。

（4）依次往上继续绘制树干的细节结构。

（5）接着绘制画面左侧树干的细节，注意用线要流畅。

（6）继续绘制树枝的细节与暗部，亮部采用留白的形式。注意树干体积的表现。

（7）进一步绘制细小树枝的细节。

（8）用自然的植物线绘制树木的叶子，注意疏密关系的表现。

（9）继续给树木添加树叶，绘制树冠大概的轮廓即可。

（10）绘制地面的阴影，增强画面的空间立体感。仔细刻画细节，完成乔木的绘制。

▶ **范例二** ◀

【绘制步骤】

（1）首先，绘制树木的树干，注意树枝交叉处的绘制。

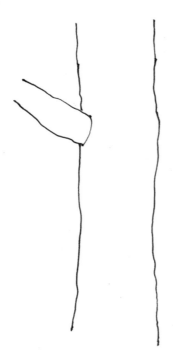

（2）接着进一步绘制树干的细节，用短线条绘制树干的纹理，注意疏密关系的表现，暗部的线条要密，亮部要疏，也可采用亮部留白的形式。

（3）按照从左至右的作画原理，给树干添加细小的树枝，注意前后穿插关系的表现。

（4）继续添加树枝的细节，注意线条的流畅与自然。

（5）依次往右添加树枝。

（6）继续往右添加树枝，注意树枝的走向与前后的穿插关系。

（7）继续给树枝添加细节，用叶子与花朵来丰富画面的内容。

（8）进一步加重树干的暗部，增强树干的体积感。仔细刻画细节，完成绘制。

6.1.2 灌木和绿篱植物

　　灌木是比较矮小的没有明显主干的木本植物，一般组群靠近地面生长形成灌木丛。灌木丛在画面中不具有明确的内容形式，是真正意义上的点缀。由灌木或小乔木近距离密植，栽成单行或双行，紧密结合的规则的种植形式，称为绿篱、植篱、生篱。绿篱的基本形式根据人们的不同要求，可修剪成不同的形式。其断面常剪成正方形、长方形、梯形、圆顶形、城垛、斜坡形等。

1. 灌木与绿篱明暗关系的表现

　　画灌木时把灌木丛看成一个立方体或球体，在光照下，分出明暗关系，运用三种明度的同色系颜色就可以表现出黑白灰关系，突出灌木的体积感。

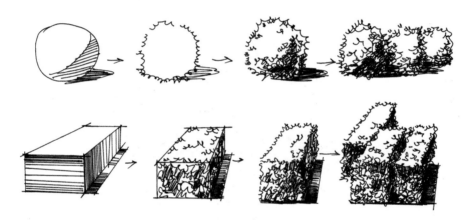

2. 灌木与绿篱的绘制

▶ 范例一 ◀

【绘制步骤】

（1）用铅笔绘制出灌木大概的外形轮廓，把它看成简单的几何球体。

（2）继续用铅笔绘制灌木的细节，注意树冠明暗关系的表现。

第6章　建筑设计配景手绘表现

（3）在铅笔稿的基础上绘制灌木树叶的线条，注意用线要自然流畅。

（4）用橡皮擦去画面中多余的铅笔线，保持画面的整洁。

（5）继续绘制灌木的细节与树干的暗部，注意线条的流畅性。仔细刻画，完成绘制。

▶ **范例二** ◀

【绘制步骤】

（1）用铅笔绘制出绿篱大概的外形轮廓，把它看成简单的几何体组合。

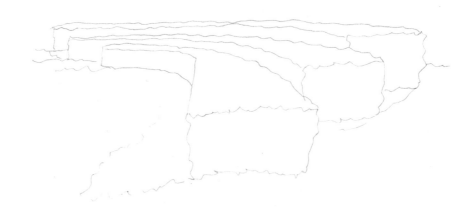

（2）在铅笔稿的基础上用钢笔勾出绿篱的外形轮廓，注意线条的运用要流畅。

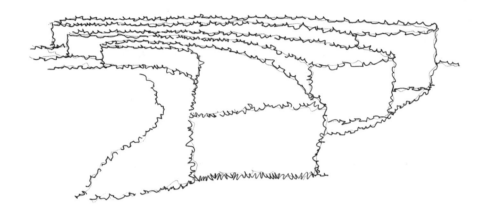

（3）绘制绿篱的暗部，确定出明暗关系，用橡皮擦去画面中多余的铅笔线，保持画面的整洁。

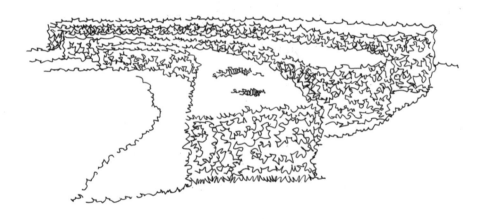

（4）用排列的线条来绘制地面阴影，加重植物的暗部，亮部采用留白的形式，增强绿篱的体积感。仔细刻画细节，完成绘制。

6.1.3　藤本植物

　　藤本植物的茎细长不能直立，是须攀附支撑物才能向上生长的植物。一般用其进行垂直绿化，可以充分利用土地和空间，占地少，见效快，对美化人口多、空地少的城市环境有重要意义。

1．葡萄

【绘制步骤】

（1）首先，确定画面的构思，用钢笔绘制画面中的主要藤蔓。

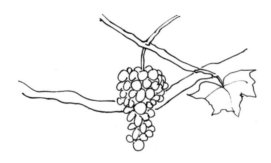

（2）接着往画面的右侧继续绘制藤蔓与葡萄，注意透视关系。

（3）继续绘制藤蔓、叶子与葡萄，注意用线要自然、流畅。

（4）接着绘制画面远处的藤蔓与葡萄，丰富画面的空间层次。

（5）继续绘制画面的叶子，注意叶子前后之间的穿插关系。

（6）继续绘制画面远处的叶子与葡萄。

（7）进一步刻画画面的细节，用较细的钢笔绘制葡萄的暗部，亮部采用留白的形式，以增强画面的空间立体感。

（8）继续绘制藤蔓的暗部，最后仔细刻画画面的细节，完成绘制。

2．牵牛花

【绘制步骤】

（1）首先，从主体开始绘制，用钢笔勾出牵牛花与叶子的形状结构。

（2）继续绘制叶子与藤蔓，从局部开始绘制画面。

（3）继续往牵牛花的周围绘制叶子与花朵，表现出植物茂盛的氛围。

（4）接着往左侧绘制木质栅栏，注意透视关系，用线要自然流畅。

（5）继续绘制远处的牵牛花，用流畅随意的线条表现出植物的自然生长。

（6）接着刻画栅栏的木质纹理。

（7）继续绘制栅栏的暗部，增强画面的空间立体感，注意线条的排列。

（8）接着绘制近处植物的暗部。

（9）依次往后绘制植物的暗部，加重暗部，增强画面的空间层次。

（10）继续绘制远处植物的暗部，最后仔细刻画画面的细节，完成绘制。

3．忍冬

【绘制步骤】

（1）首先在画面中绘制一束忍冬花，注意植物线条的自然流畅。

（2）接着往下绘制枝条与叶子。

（3）然后往右继续绘制分支的花朵与叶子。

（4）接着绘制第二束与第三束忍冬花，注意枝条前后的穿插关系。

（5）继续绘制后面的枝条，注意枝条的走向与前后的对比关系。

（6）进一步刻画花朵的细节纹理，绘制花朵的纹路时注意用线要流畅，表现出花朵柔和的质感。

（7）用排列交织的线条绘制画面的暗部，丰富画面的空间层次。最后仔细刻画画面的细节，完成绘制。

6.1.4 花草

花草是画面中非常重要的配景元素，花卉的点缀使画面更加的活泼，一般都少面积的用比较亮丽的颜色。

1. 菊花

【绘制步骤】

（1）首先，用钢笔绘制花蕊，注意短小曲线的运用。

（2）接着往花蕊的四周绘制花瓣，注意用线要自然流畅。

（3）继续往下绘制叶子的结构细节，注意表现出植物的结构特征。

（4）依次往右绘制另一朵花，注意两朵花的角度要有一定的区别。

（5）继续往下绘制花秆的线条，在花秆上绘制叶子，注意叶子的特征，接着绘制另一朵花的花蕊。

（6）接着绘制花蕊周围的花瓣，注意花朵的角度。

（7）继续给花朵添加花秆，在花秆上绘制叶子，注意叶子前后之间的穿插关系。

（8）继续丰富画面，往右绘制花秆与叶子。

（9）继续绘制花朵，注意花朵相互之间的位置。

（10）加重花蕊的颜色与花秆的暗部，丰富画面的空间层次，衬托出花朵。最后调整画面，完成绘制。

2. 月季

【绘制步骤】

（1）首先，按照从左至右的作画原理，用钢笔绘制植物部分的树枝与叶子，注意线条前后之间的穿插关系。

（2）接着向右绘制树枝与花朵，注意花朵的朝向。

（3）继续向上绘制花朵，注意花瓣的重叠关系。

（4）继续绘制花朵周围的叶子与树枝，丰富其周围的内容。

（5）继续往右绘制树枝，注意树枝的走向，并在树枝上绘制叶子。

（6）接着绘制向下的树枝，并绘制叶子，树枝的不同走向使画面更加活泼，更有真实感。

（7）用钢笔加重树枝的暗部颜色。

（8）继续绘制花朵的细节纹理，衬托出花朵。接着绘制树枝的暗部，增强画面的空间立体感。最后调整画面，完成绘制。

3．八仙花

【绘制步骤】

（1）从画面的局部开始绘制，用钢笔绘制花朵，注意花朵的特征。

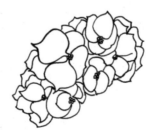

（2）接着向下绘制另一朵花，注意花朵之间的高低位置关系。

（3）继续绘制花朵周围的叶子，注意叶子的形状特征与纹路表现。

（4）继续绘制第三朵花，高低位置的变化使花朵更具有空间层次感。

（5）在花朵的后面接着添加小花朵，注意近大远小的透视关系，进一步增强画面的空间层次。

（6）继续往后添加叶子与花朵，绘制时注意把握画面的整体律动感。

（7）绘制花朵的细节纹理，注意用线要轻柔，加重花秆的暗部与花秆着地的暗部。最后调整画面，完成绘制。

6.1.5 水生植物

水生植物一般是指能够长期在水中或水分饱和的土壤中正常生长的植物,如水竹、芦苇、千屈菜、睡莲、布袋莲、水蕴草、满江红等。

1. 水蕴草

【绘制步骤】

(1)首先用钢笔绘制出一部分水蕴草。草的叶子比较柔软,用线要轻柔流畅,表现出植物的自然感。

(2)接着向右绘制草的线条,注意草之间的高低位置及前后的遮挡关系。

（3）继续向右绘制草的线条，逐渐扩大草丛，在绘制草的叶子时线条可以随意些，体现出水蕴草随意生长的状态。

（4）继续丰富画面右边的植物线条。

（5）接着往右绘制水蕴草，注意植物高低位置的不同，使画面显得更加生动活泼。

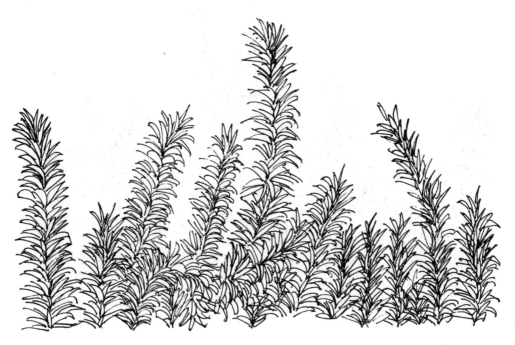

（6）添加水蕴草暗部，衬托出前层草的形态，增强画面的躲避效果。

（7）给画面添加后层植物的线条，使画面看起来更加的茂密，完成绘制。

2. 千屈菜

【绘制步骤】

（1）用铅笔绘制植物大概的位置，确定画面的构图。

（3）从画面的左边往右边绘制植物，表现出植物的形态特征。

（4）继续绘制植物的分支，注意前后位置的穿插关系。

（2）从局部开始绘制，用钢笔在铅笔稿的基础上绘制出植物的叶子与花秆，注意用线要自然。

（7）继续丰富画面右边的植物，绘制植物的线条可以随意一些。

（5）接着再往右绘制，注意植物枝条的走向与聚散的变化。

（8）接着绘制画面左边植物的线条，表现出花草的茂密。

（6）接着绘制右边的植物，注意植物花束的特征。

（9）继续丰富画面的花丛线条，注意画面的中部画得稀疏些，使得画面有疏密的变化，表现出通透感。

（10）最后添加画面的暗部颜色，完成画面的绘制。

6.1.6 盆景

盆景是呈现于盆器中，花木景观的艺术制品，多以树木、花草、山石、水、土等为素材，经匠心布局、造型处理和精心养护，能在咫尺空间集中体现山川神貌的艺术之美，成为富有诗情画意的案头清供和建筑景观装饰，常被誉为"无声的诗，立体的画"。

1. 罗汉松

【绘制步骤】

（1）用铅笔绘制出盆栽大概的外形轮廓，表现出盆栽大体的形态特征即可。

（2）用钢笔在铅笔稿的基础上绘制出植物的叶子，注意用线要自然。

（3）继续用钢笔绘制植物的叶子，注意疏密关系的表现。

（4）继续用钢笔绘制树干的结构线，注意用线要肯定、流畅。

（5）接着绘制植物树干的暗部，表现出画面的明暗关系，注意线条的排列。

（6）继续用钢笔绘制花盆的结构线，注意用线要肯定、流畅。用橡皮擦去多余的铅笔线，保持画面的整洁。

（7）最后绘制花盆的细节纹理，给画面添加阴影，增强画面的空间立体感，完成盆栽的绘制。

2．茶花

【绘制步骤】

（1）用铅笔绘制出盆栽大概的外形轮廓，表现出盆栽大体的形态特征即可。

（2）从局部开始绘制，用钢笔在铅笔稿的基础上绘制出植物的叶子，注意用线要自然。

（3）继续用钢笔绘制植物的叶子与树干，注意树干的弯曲走向。

（4）接着往下继续绘制树枝与叶子，注意叶子与树枝的遮挡关系。

（5）继续用钢笔绘制植物的叶子与树干。

（6）接着绘制树枝与叶子，注意树枝的分叉遮挡关系。

（7）再绘制盆栽里面的草丛，注意植物特征的表现。

（8）接着绘制花盆的结构，注意用线要自然、肯定。

（9）用橡皮擦去画面中多余的铅笔线，保持画面的整洁。

（10）接着绘制植物与石块的暗部，确定画面的明暗关系，注意线条的排列与疏密关系的表现。

（11）最后绘制花盆的暗部与地面的阴影，增强盆栽空间立体感，完成画面的绘制。

建筑钢笔设计手绘表现技法

6.2 山石水景

　　建筑设计手绘中山石和水景都是非常重要的角色。我国自然山水园林建筑大多都具有
"无园不无山、无园不无石、叠石为山、山石融合、诗情画意、妙极自然"的特点，凝聚
了自然山川之美的山石，大大加强了园林空间的山林情趣。山石和水景总是相互衬映的，
建筑的设计中，它们具有点缀空间的作用。

6.2.1 石块表现

　　山石是建筑景观设计表现中的重要因素，不同的山石有着不同的形态特征。山石的种
类有很多，常见的景观石有太湖石、钟乳石、岩石、蘑菇石、自然石头、人工假山等。石
头主要分布于水池湖边、道路边、绿荫林地等，这些石头在景观园林中增强了景观的趣味性。
绘制石块是要记住"石分三面"，勾画石块的轮廓时画出左、右、上三个面体，这样就使
石块有了体积感。

　　【绘制步骤】

　　（1）根据从左至右的作画原理，用铅笔绘制出太湖石大概的外形轮廓。太湖石的形状

奇特，表面许多的道孔，在绘制的过程中需要注意表现其特征。

（2）用铅笔刻画石头的细节，在石头的表面绘制大小不一的窝孔形状。

（3）用铅笔进一步刻画石头旁边配景植物的外形轮廓，表现出植物大体的形态特点即可。

（4）用钢笔在铅笔稿的基础上绘制左边石头的外形结构线，用起伏的不规则的线条表现石头的特征。

（5）继续用钢笔勾出画面右侧的石头，注意线条的流畅与肯定。

（6）用钢笔勾出前景与远景石头大体的外形线，确定画面中虚、实、虚的构图原理。

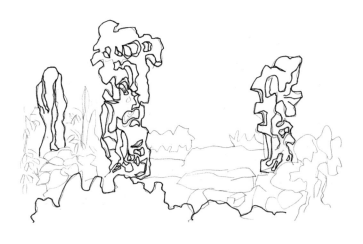

（7）仔细刻画画面中阔叶植物叶子的外形轮廓线，注意曲线的流动性。进一步刻画左边不同植物的外形轮廓线，注意线条之间前后的穿插关系。

（8）继续刻画右边画面地上的石块与远景植物外形轮廓，注意表现地面石块时，体块之间的转折关系，表现出植物大体的形态特征。

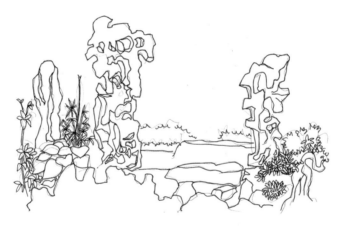

（9）完成画面大体的构图形式，用橡皮擦去铅笔线，保持画面的整洁。

（10）绘制石头的细节结构，用排列的线条绘制窝孔的暗部，确定画面大体的明暗关系。进一步刻画石头的灰部，绘制明暗关系的过渡面，表现画面黑白灰之间的关系，增强石头的厚重感。

（11）同理绘制画面右边的石块，注意线条的排列方向要大体上统一，保持画面的整体性，增强画面的空间立体感。

（12）继续刻画画面后面的石头，注意明暗关系及前后虚实关系的对比。

（13）继续给地面的石头添加暗部颜色，增强画面的空间层次。

（14）最后仔细刻画植物的细节结构，整体调整画面，完成绘制。

6.2.2 水景表现

水景也是建筑设计重要的因素之一。水在自然界中有着不同的形态，如缓缓流畅的溪水，平静如镜的湖水，飞流直下的瀑布，但不论是哪种形态都能体现出水灵动的美。对于水景的绘制，要根据画面的具体情况来定。一般都用单线表现水景，最好的处理方式是采用留白或是线条疏密的排列。

【绘制步骤】

（1）用铅笔绘制水景小品大体的外形轮廓线，表现出小品基本的形态特征即可。

（2）用铅笔进一步绘制水景小品的细节。

（3）在铅笔稿的基础上用钢笔绘制小品的外形轮廓线。

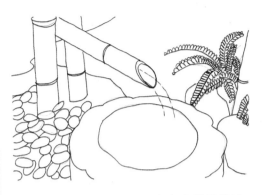

（4）用橡皮擦去画面中多余的铅笔线，保持画面的整洁。

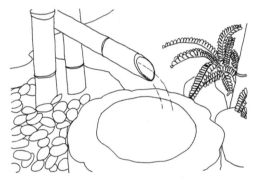

（5）绘制石头地面的细节与竹竿的暗部，注意疏密关系的表现。

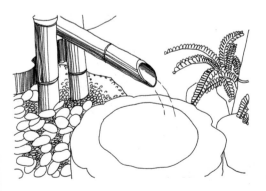

第 6 章　建筑设计配景手绘表现

117

（6）进一步绘制地面石头的细节，用排列的线条绘制暗部，确定画面的明暗关系。

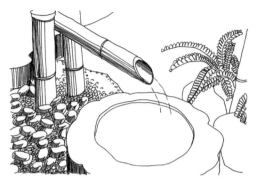

（7）依次往右绘制水景的细节，注意用线要轻柔，表现出水的质感。

（8）继续往右绘制石头与地面的细节。

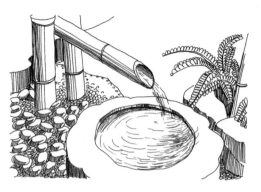

（9）绘制后面的草地，丰富画面的内容。

（10）最后用排列的线条绘制画面的暗部与阴影，增强画面的空间层次感，完成绘制。

6.2.3　山石水景的综合表现

山石的坚硬，水景的柔美，在建筑设计手绘中山石水景的组合表现，使画面更加生动，更具有浓烈的自然气息。

【绘制步骤】

（1）用铅笔绘制底稿，勾出石头与配景植物大概的外形轮廓，确定画面的构图。

（2）在铅笔稿的基础上，用钢笔绘制画面左边石块与植物的外形轮廓线，注意用笔要肯定，用线要流畅。

第6章 建筑设计配景手绘表现

（3）继续绘制画面右侧石块与植物的外形轮廓线，同样注意用笔要肯定，用线要流畅。

（4）用橡皮擦去画面中多余的铅笔线，保持画面的整洁。

（5）接着绘制画面左侧灌木植物的细节，注意表现出植物的特征。

（6）继续绘制乔木的细节，注意疏密关系的表现，衬托出树干的结构。

（7）继续绘制石块的暗部，注意线条的排列。

（8）依次往右绘制画面，绘制水面的线条要流畅轻柔，注意表现出水的质感。

（9）接着往右绘制画面的细节，注意软线条与硬线条的区别。

（10）进一步加重画面的暗部颜色，增强画面的空间层次。最后整体调整画面，完成绘制。

6.3 交通工具

交通工具在手绘表现中也是常见的配景内容，一般包括汽车、摩托车、自行车、船只等。作画时根据实际的情况及画面的需要添加或删减一些交通工具，烘托画面主体，增强画面场景气氛。

6.3.1 船只

当建筑设计靠着河道或者湖泊时，在手绘表现时可以适当画一些竹筏、船只等，增强画面的气氛。手绘者在绘制的过程中，要把握它们主要的特征。

【绘制步骤】

（1）用钢笔绘制出船只大概的外形轮廓线。

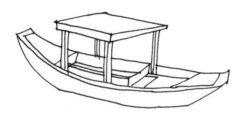

（2）继续用钢笔绘制船只的结构细节，注意线条之间的透视关系。

（3）接着用钢笔绘制船只的暗部。

（4）绘制船只在水面的倒影，注意线条的排列方向与疏密关系的表现。

船只表现

6.3.2 车辆

　　汽车的种类有很多，是手绘中最常见的交通工具配景。手绘交通工具的重点在于把握好基本结构及透视变化，注意交通工具的透视与画面主体的透视协调一致，用线要干脆利落，比例适当。

【绘制步骤】

（1）用铅笔绘制出车辆大概的外形轮廓，把汽车当作简单的几何体。

（2）继续用铅笔绘制汽车的结构细节，注意线条的透视关系。

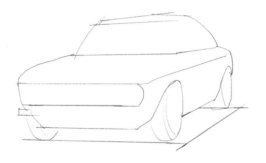

（3）在铅笔稿的基础上用钢笔绘制出汽车准确的外形轮廓线。

（4）用橡皮擦去画面中多余的铅笔线，保持画面的整洁。

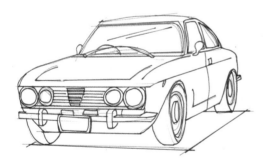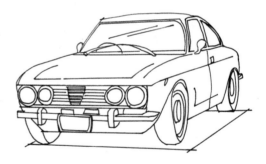

（5）仔细刻画汽车的细节，用排列的线条绘制汽车的暗部与地面的阴影，完成绘制。

汽车表现

6.4 人物

人物是建筑设计手绘表现中不可缺少的部分，在手绘的效果图中配上各种姿态的人物，使画面更加生动，具有生活气息，让画面呈现出特定的环境效果。

6.4.1 单体人物

绘制人物时注意人体的比例，人体各部位比例要协调，动作不要过大，姿态要端庄稳定。注意避免过多的单体人物，否则会使画面零散、生硬。

【绘制步骤】

（1）用铅笔绘制出人物大概的外形轮廓线。

（2）用铅笔进一步刻画人物的外形轮廓线，注意人物结构特征的表现。

（3）用钢笔在铅笔稿的基础上绘制人物确定的外形轮廓线，注意用线要肯定、流畅。

（4）用钢笔进一步刻画人物的细节，注意衣服纹理与褶皱的表现，完成绘制。

▶ 范例一 ◀

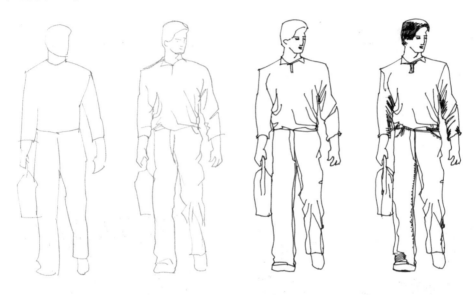

▶ 范例二 ◀

人物表现

6.4.2 组合人物

成群人物的表现烘托画面的气氛，可以概括人物轮廓，简单的表现人群的状态。注意过多的群体人物会使画面密集，不利于层次的体现。

人物表现

6.5 道路铺装

在建筑风景钢笔手绘中，地面一般是指建筑周围地表的铺筑层。道路铺装的材料有很多种，一般常见的有大理石铺装、木质地板铺装、青石板铺装、马赛克铺装、鹅卵石铺装等。地面的表现方法有很多，具体要怎样表现，需要根据建筑设计的具体场景的实际情况而定。

6.5.1 卵石地面

卵石地面常见于公园、广场公共道路的铺装，由很多的小石子铺装而成，表面凹凸不平，绘制的时候要自然随意，注意虚实的变化。

【绘制步骤】

（1）用铅笔绘制出配景与道路大概的轮廓位置，确定画面的构图，注意画面透视关系的表现。

（2）在铅笔稿的基础上用钢笔绘制出画面植物与椅子的轮廓线，注意用线要准确。

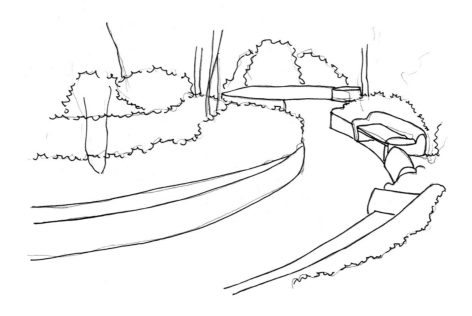

（3）用橡皮擦去画面中多余的铅笔线，保持画面的整洁。

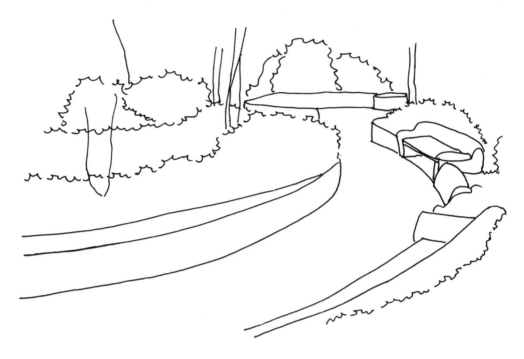

（4）继续绘制卵石铺装的道路，绘制时注意近大远小的透视关系。

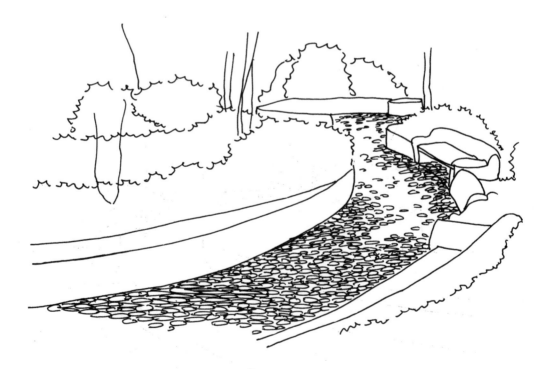

（5）继续绘制右边植物的细节，注意疏密关系的表现。

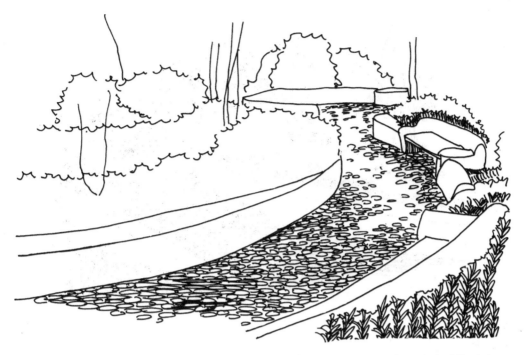

（6）接着绘制画面左边植物的暗部，亮部采用留白的形式，注意明暗关系的对比。

（7）仔细绘制画面的细节，用排列的线条加重地面的暗部，增强画面的空间层次，注意用线要流畅。调整画面，完成绘制。

6.5.2 小青砖地面

小青砖常见于园林、公园道路的铺装，青砖表面光滑，呈长方形，结构完美，抗压耐磨，是房屋墙体、路面装饰的理想材料，具有古建筑的独特风格。

【绘制步骤】

（1）用铅笔绘制出植物与道路大概的轮廓，确定画面的构图，注意画面透视关系的表现。

（2）在铅笔稿的基础上，用钢笔绘制画面中植物与道路的轮廓线，注意用线要准确。

（3）用橡皮擦去画面中多余的铅笔线，保持画面的整洁。

（4）继续绘制近景草坪的细节，注意疏密关系的表现。

（5）接着绘制远景植物的细节，表现出大体的明暗关系即可。

（6）继续绘制青石板铺装的细节与暗部，注意线条的排列。

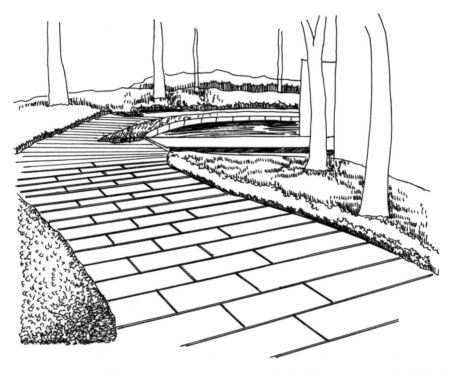

（7）进一步刻画地面铺装的细节，用点表现青石板的粗糙纹理。绘制地面的阴影，完
成绘制。

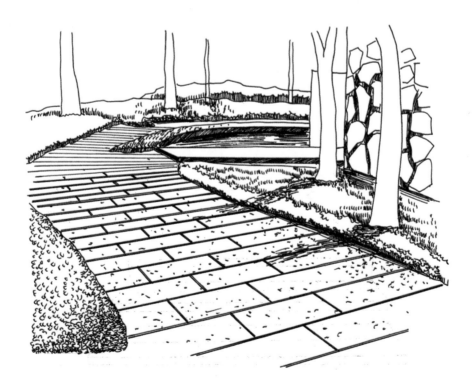

6.5.3 木质地板

木质地板也是地面铺装中常见的材质，木材的本身就给人一种自然美的享受，绘制时注意木质纹理材质的表现。

【绘制步骤】

（1）用铅笔绘制出地面铺装大概的轮廓，注意画面透视关系的表现。

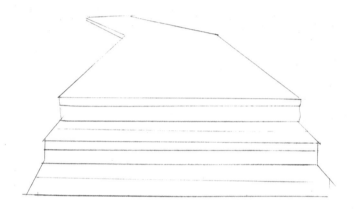

（2）在铅笔稿的基础上，用钢笔绘制出地面准确的外形轮廓线，注意用笔要肯定，用线要流畅。

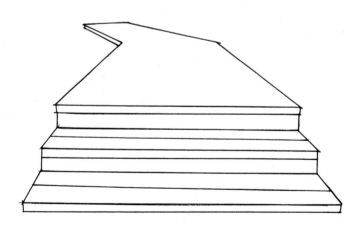

（3）接着绘制画面左边的植物，注意表现出植物的特征。

（4）继续绘制画面右边的植物，衬托出地面，丰富画面的内容。

建筑设计配景手绘表现

（5）继续绘制木质地板的细节纹理，注意木质纹理的特征，表现出木质材质的质感。

（6）接着用斜向排列的线条来绘制地板的暗部颜色，以增强画面的空间立体感。

（7）进一步绘制周围环境植物的暗部，丰富画面的空间层次。整体调整画面，完成绘制。

6.6 天空的表现

天空是建筑手绘表现不可缺少的因素之一，天空的大小决定了画面上下取景的内容。以地面为主的画面可以缩小天空的面积，绘制时采用留白的形式，这样与地面烦琐的绘制形成鲜明的对比，以突出主题；以天空为主的画面缩小了地面上物象的面积，绘制时减弱地面的刻画，这时适当细致地刻画天空的云朵，局部留白，与地面上的物象形成对比，加强画面的空间感。

▶ **范例一** ◀

【绘制步骤】

（1）从画面的近景开始绘制，绘制近景的植物时注意叶子之间的穿插关系。

（2）加重草丛的暗部，丰富草丛的空间层次，使草丛看起来更茂盛。

（3）接着绘制中景的建筑与植物，表现出建筑的结构特征，注意用线要自然流畅。

（4）进一步刻画建筑的细节纹理，加重建筑的暗部颜色，增强物体的真实感。

（5）依次往后绘制远景植物，绘制出植物大体的轮廓即可。

（6）接着绘制远处的建筑，注意与近处建筑大小透视关系的对比。

（7）进一步往后绘制远景建筑，绘制出建筑大体的轮廓即可，注意与近处建筑有虚实关系的对比。

（8）继续绘制画面中水面的纹理，注意线条疏密关系的排列。

（9）用排列的线条表现天空，注意线条的长短要有一定的变化，最后完成画面的绘制。

▶ 范例二 ◀

【绘制步骤】

(1) 绘制建筑的轮廓线，注意线条之间的透视关系。

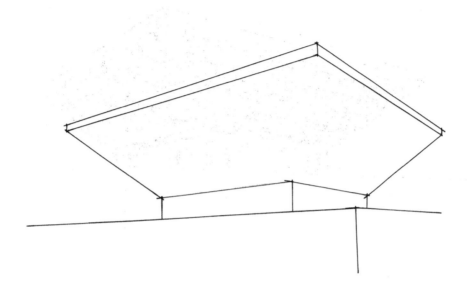

（2）给建筑添加结构细节，注意柱子之间的穿插关系。

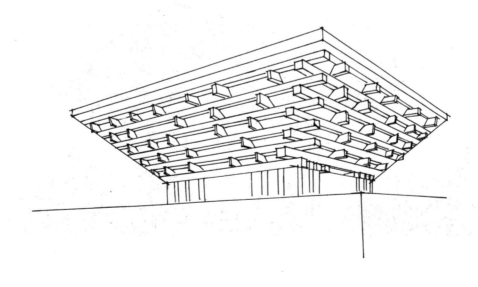

（3）进一步绘制建筑的结构细节，注意线条的走向。

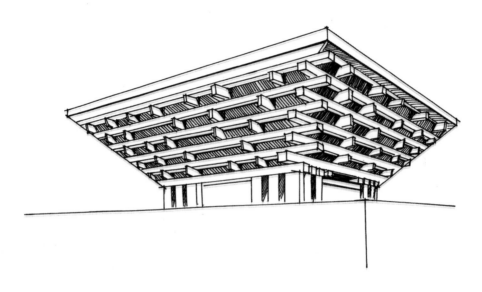

（4）接着绘制建筑周围的环境，给画面添加配景植物。

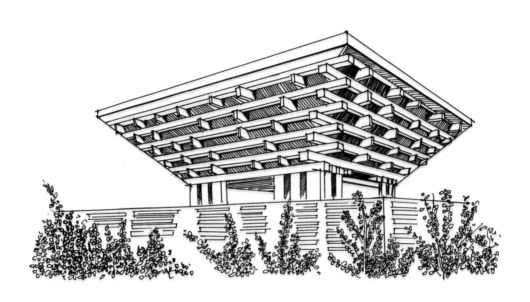

（5）加重建筑的暗部颜色，增强建筑的空间立体感。

（6）用自然的曲线绘制画面的远景天空，并添加飞鸟等景物，以丰富画面的空间层次及内容，完成画面的绘制。

6.7 远山的表现

山是自然形成的高出于地表面的一块高地，离地面高度通常在 100 米以上。自然的远山景象，大多是由许多座山连在一起形成的山脉，高低起伏、连绵不断。

【绘制步骤】

（1）从画面的近景开始绘制，绘制近景的植物时注意叶子之间的穿插关系。

（2）接着往后绘制植物与建筑物，注意表现出植物大体的明暗关系即可。

（3）依次往后绘制远景植物，表现出植物大体的特征即可。

（4）接着用随意的点来绘制山坡草坪的暗部，注意要有疏密关系的变化。

建筑设计配景手绘表现

（5）接着往后绘制远山与围绕山腰的白云，山腰间的白云可以直接采用留白的形式来表现，注意用线要自然流畅。

（6）继续用曲线绘制远山的轮廓，并给画面添加远景天空，丰富画面的空间层次，完成远山画面的绘制。

6.8 课后练习

1. 了解建筑设计周围环境的配景元素。

2. 绘制下面图片的手绘图。

建筑局部的表现包括不同材质的墙面、不同风格的屋顶与门窗结构等，所以建筑局部的手绘练习对提高建筑整体手绘效果图的表现十分重要。

建筑局部手绘表现 第 7 章

7.1 建筑墙面

建筑墙面是建筑表现的主要部分，墙是建筑的主体，墙面直接影响建筑的外观与周围环境。墙面的种类有很多，如砖墙、石墙、土墙、木墙、玻璃墙等。

7.1.1 砖墙

建筑中的砖墙随处可见，它体现着一种接近自然的气息。砖块具有很强的装饰性，使建筑更加的突出。用线条描绘砖的轮廓时可以自由随意些，表面的粗糙可以用点来表现。

【绘制要点】

- 主要把握砖块墙面的结构特征，注意画面中前后物体之间的穿插关系等。
- 整体比例关系要准确，掌握画面整体的透视关系。
- 学会利用留白的形式完善画面的构图，丰富画面的内容，并加强空体的空间层次感。

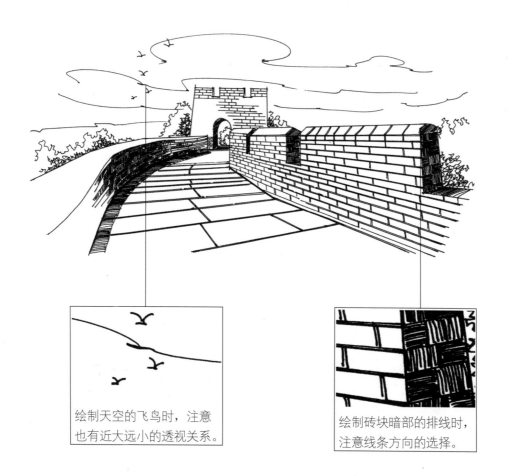

绘制天空的飞鸟时，注意也有近大远小的透视关系。

绘制砖块暗部的排线时，注意线条方向的选择。

151

【绘制步骤】

（1）用铅笔绘制出墙体大概的外形轮廓，注意透视关系的表现。

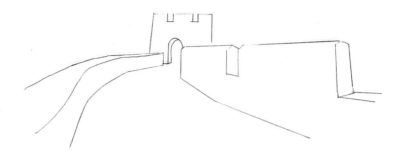

（2）用铅笔进一步绘制建筑墙面的砖块纹理。

（3）在铅笔稿的基础上，用钢笔绘制出建筑准确的结构线，注意用线要流畅、肯定。

（4）用橡皮擦去画面中多余的铅笔线，保持画面的整洁。

（5）继续刻画建筑的暗部细节，用排列的密线形式来表现，注意砖块纹理的表现。

（6）进一步绘制建筑墙面的暗部细节，绘制地面的阴影，注意亮部采用留白的形式。

（7）继续给画面添加远景植物，丰富画面的内容，注意绘制出植物大概的轮廓即可。

（8）最后为画面添加远景天空，丰富画面的空间层次。整体调整画面，完成绘制。

7.1.2 木材墙面

　　木材墙面的应用给人一种自然美的享受，在中国古代的建筑中，木材墙面有着不可替代的地位。尤其是在中国古镇的一些建筑中，木材作为墙面的主要材料。

【绘制要点】

- 主要把握木质墙面的结构特征，注意画面中前后物体之间的穿插关系等。

- 整体比例关系要准确，掌握画面整体的透视关系。

- 学会利用留白的形式完善画面的构图，丰富画面的内容，并加强整体的空间层次感。

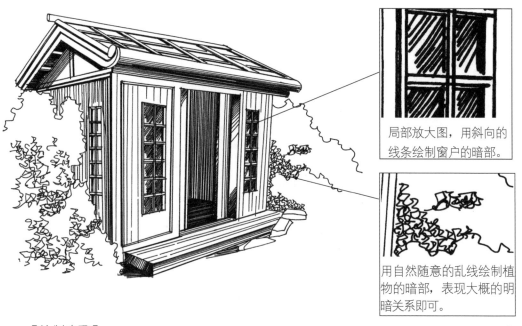

局部放大图，用斜向的线条绘制窗户的暗部。

用自然随意的乱线绘制植物的暗部，表现大概的明暗关系即可。

【绘制步骤】

（1）用铅笔绘制出木屋大概的外形轮廓，确定画面的构图，注意画面透视关系的表现。

（2）继续用铅笔绘制木屋建筑的结构细节。

（3）在铅笔稿的基础上，用钢笔绘制出建筑的结构线与植物的轮廓线，注意用线要流畅、肯定。

（4）用橡皮擦去画面中多余的铅笔线，保持画面的整洁。

（5）继续刻画建筑窗户、门、屋顶的结构细节，注意加重暗部的结构线。

（6）接着用排列的密线绘制建筑的暗部颜色，用竖向的线条绘制建筑墙面的木质纹理，注意线条的流畅性。

（7）继续用自然、随意的乱线绘制植物的暗部，最后给画面添加阴影，整体调整画面，完成绘制。

7.2 屋顶

屋顶是建筑物外部的顶盖，是建筑的构成元素之一。屋顶的形式有很多种，不同地区根据气候的差异而有所不同。东西方的建筑屋顶就存在着很大的差异。

7.2.1 欧式屋顶

欧式建筑的屋顶与中国传统的屋顶有着明显的差异，在外形上欧式大多是圆顶、尖塔等形状。

【绘制要点】

- 主要把握屋顶的结构特征，表现欧式的主题风格，注意画面中前后物体之间的穿插关系等。
- 整体比例关系要准确，掌握画面整体的透视关系。
- 学会利用留白的形式完善画面的构图，并加强整体的空间层次感。

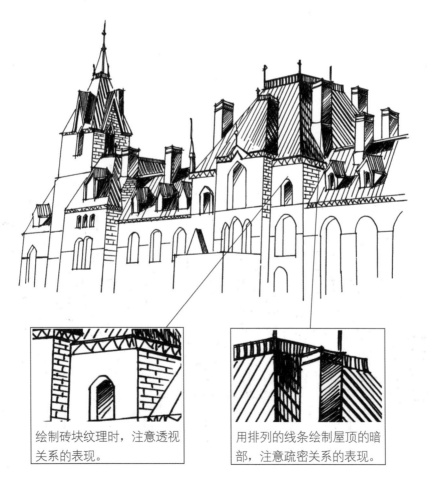

绘制砖块纹理时，注意透视关系的表现。

用排列的线条绘制屋顶的暗部，注意疏密关系的表现。

【绘制步骤】

（1）用铅笔绘制出建筑屋顶大概的外形轮廓，注意建筑物前后之间的位置关系。

（2）在铅笔稿的基础上用钢笔绘制出整体建筑准确的结构线，注意用线要肯定、流畅。

（3）用橡皮擦去多余的铅笔线，保持画面的整洁。

（4）刻画画面左边建筑的细节结构，注意屋顶与墙面纹理的表现。用排列的线条绘制建筑的暗部，增强画面的空间立体感。

（5）依次往右绘制建筑屋顶的结构细节。

（6）加重建筑屋顶的暗部，注意线条的排列；整体调整画面，完成欧式屋顶的绘制。

7.2.2 中式屋顶

瓦片是中式传统屋顶，是建筑手绘中的一个亮点，也是一个难点。大面积的瓦片错综复杂，作画的时候需要耐心绘制。

【绘制要点】

- 主要把握屋顶的结构特征，表现中式的主题风格，掌握画面整体的透视关系，注意画面中前后物体之间的穿插关系等。
- 整体比例关系要准确，画面的色调要和谐统一。
- 学会利用留白的形式完善画面的构图，丰富画面的内容，并加强整体的空间层次感。

绘制屋顶的屋脊时注意近大远小的透视关系，绘制暗部时注意线条的疏密排列。

绘制屋顶时注意黑白明暗的对比。

【绘制步骤】

（1）用铅笔绘制出屋顶大概的外形轮廓，注意画面透视关系的表现。

（2）继续绘制屋顶的结构细节，注意结构线条的排列方向。

（3）在铅笔稿的基础上用钢笔绘制屋顶的结构线，注意用线要肯定、流畅。

（4）用橡皮擦去画面中多余的铅笔线，保持画面的整洁。

（5）继续绘制屋顶的结构细节，用短小的曲线绘制屋顶的瓦片，注意瓦片要有疏密关系的表现。

（6）继续加重屋顶的暗部，形成明暗的对比，增强画面的空间立体感，完成中式屋顶的绘制。

7.3 门窗

门窗是建筑造型的重要组成部分，它们的形状、尺寸、比例、色彩等对建筑的整体样式都有很大的影响。门窗的种类有很多，根据材质的不同可以分为木质、铁质、玻璃等，根据风格的不同可分欧式、中式等。

7.3.1 欧式门窗

曲线是欧式风格里的典型代表特征，所以在欧式的门窗设计中，将曲线的设计发挥得淋漓尽致。门窗中的花纹把弯曲线条的柔性和铁的刚性，巧妙的结合在一起。在作画的过程中不要过于强调曲线的柔美而画得太柔软，应根据具体情况而定。

【绘制要点】

- 主要把握门窗的结构特征，表现欧式的主题风格。
- 整体比例关系要准确，掌握画面整体的透视关系。
- 学会加强黑白明暗关系的对比，增强画面的空间立体感。

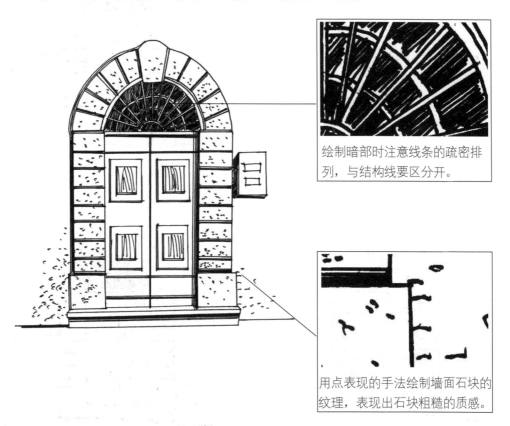

绘制暗部时注意线条的疏密排列，与结构线要区分开。

用点表现的手法绘制墙面石块的纹理，表现出石块粗糙的质感。

【绘制步骤】

(1)用铅笔绘制出门窗大概的外形轮廓线。

(2)继续用铅笔绘制门窗的架构细节，表现出欧式建筑的结构特征。

(3)在铅笔稿的基础上用钢笔绘制出门窗准确的结构线，注意用线要流畅、自然。

(4)用橡皮擦去画面中多余的铅笔线，保持画面的整洁。

(5)继续加重画面的暗部，增强画面的空间立体感。

(6)绘制门与墙面的细节纹理，表现出它们材质的质感，完成欧式门窗的绘制。

7.3.2 中式门窗

木质门窗在中国传统的建筑中是比较常见的，在作画的过程中要把握好木材的质感，大的明暗关系，要与主体建筑保持一致。

【绘制要点】

- 要把握门窗的结构特征，表现中式的主题风格。
- 整体比例关系要准确，掌握画面整体的透视关系。
- 学会利用留白的形式完善画面的构图，丰富画面的内容，并加强整体的空间层次感。

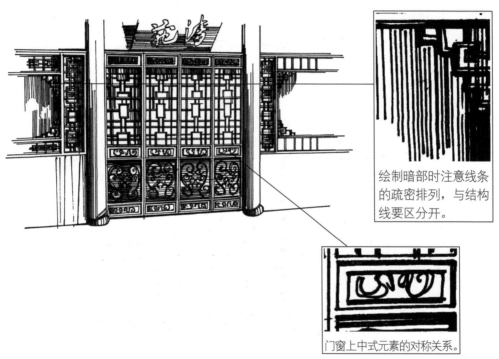

绘制暗部时注意线条的疏密排列，与结构线要区分开。

门窗上中式元素的对称关系。

【绘制步骤】

（1）用铅笔绘制底稿，确定门窗的基本形态。

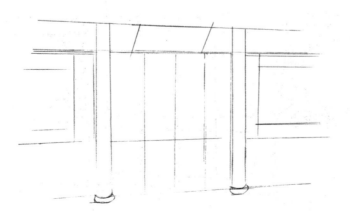

（2）用钢笔勾出门窗的外形轮廓，注意用线要流畅与肯定。

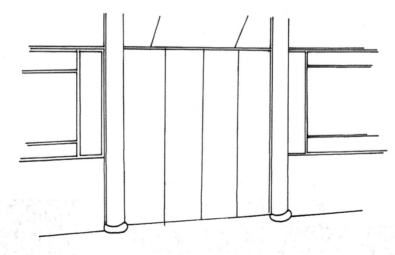

（3）继续绘制门窗的细节，画出它们结构的厚度。

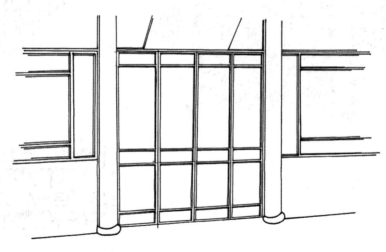

（4）绘制两侧窗户的细节结构。

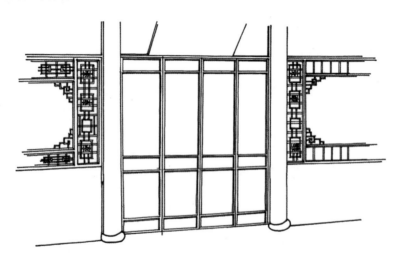

（5）继续绘制门的细节结构，注意准确的表现花纹的结构。

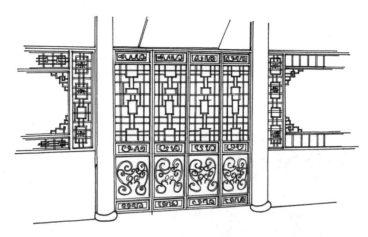

（6）仔细刻画两侧的窗户，绘制出窗户的暗部颜色，注意结构线与暗部的线要区分开。

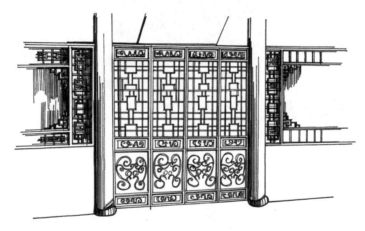

（7）继续深入刻画门的结构，绘制出暗部颜色，加强门窗的空间立体感。整体调整画面，完成门窗的绘制。

7.4 课后练习

1. 掌握建筑局部的表现。

2. 绘制下面图片的效果图。

建筑钢笔手绘综合表现，是把设计构思与表现融为一体的表现技法。建筑钢笔手绘的综合表现不仅可以提高绘画者的手绘能力、积累设计素材知识，还可以提高绘画者的创造力、审美力以及设计素养。建筑钢笔手绘的最大特点就是可以快速表达绘画者的设计思想，让绘画者的设计思想能够得到很好的表现。本章主要讲解了乡村建筑、古建筑、商业建筑、文化建筑等不同类型建筑的表现。

建筑钢笔手绘综合表现　第 8 章

8.1 乡村建筑

乡村建筑给人的印象是原始的石墙、草垛、清澈的溪流、婀娜的树木，暮色中的村落显得宁静、自然、和谐，每一处景象都体现着人民朴素、勤劳的品质和大自然清静优美的气息。例如中国，尽管南北的建筑存在差异，乡村的建筑多为砖块设计，都体现着自然景观的秀美，正是因为不同的特征，才吸引着更多的人去写生，去记录生活的点滴，去描绘、去创作，这也是乡村建筑美的所在。

8.1.1 木屋

木屋是乡村中常见的建筑，建筑使用的主要是原始的木质材料，置身于自然的环境之中，与自然融为一体，体现着一种朴质而宁静的美。

【绘制要点】

- 要把握木屋的结构特征，表现出木材的纹理与质感。注意建筑物前后之间的遮挡关系等。
- 要掌握不同配景植物的表现，利用植物的疏密拉开画面的空间层次。
- 整体比例关系要准确，学会利用黑白、虚实的对比来加强画面的空间层次感。

木屋墙面的局部放大图，注意纹理的表现。

绘制远景植物时，阴影线条与结构线要有区分，注意阴影的排线要有疏密的对比。

【绘制步骤】

（1）用铅笔绘制建筑大概的外形轮廓，确定画面中建筑的位置关系。

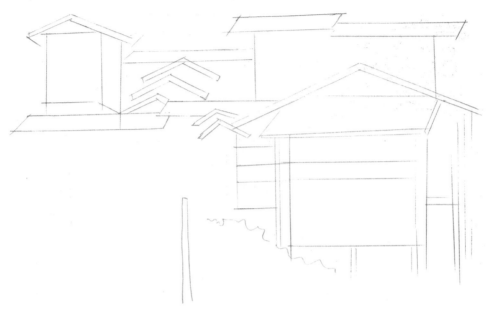

（2）在铅笔稿的基础上，用钢笔绘制建筑准确的结构线。注意用线要肯定、流畅。用橡皮擦去画面中多余的铅笔线，保持画面的整洁。

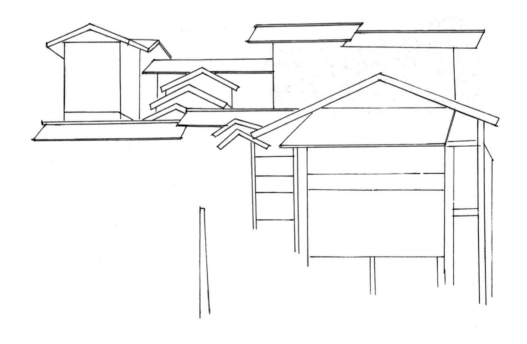

（3）从局部开始仔细刻画木屋的细节结构，并用排列的线条加重暗部的颜色。木屋的墙面用竖向的线条绘制出木头的线条。

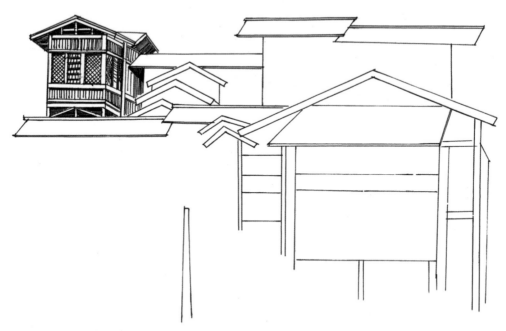

（4）往右绘制木屋的屋顶细节，绘制出瓦片排列的纹理。

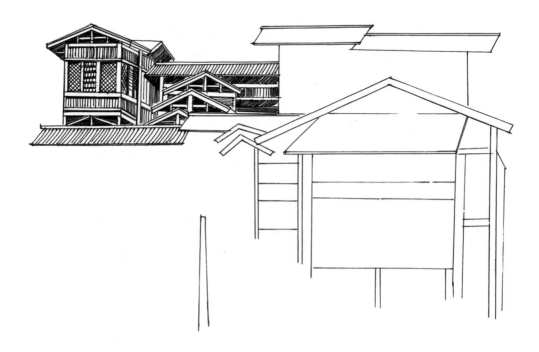

（5）继续往右绘制建筑屋顶与墙面的细节，并用排列的线条绘制建筑的暗部。

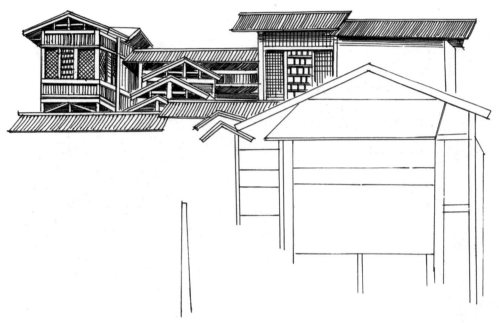

（6）绘制画面最右边建筑的细节，绘制窗户与栏杆的线条，用密线排列绘制门与屋顶的暗部，用竖向的线条绘制木屋墙面木板的线条。

（7）在画面的左边添加树木的线条，用自然的直线绘制出树枝。注意绘制灌木的树叶时要有疏密的表现。

（8）继续向画面的右侧绘制配景植物，注意用不规则的曲线表现不同植物的叶子。

（9）在画面的最右侧绘制植物，用横向排列的线条加重最右边建筑下面的暗部，表现出木屋前面茂密的树木。

（10）继续给建筑的后面添加植物，绘制出乔木的树枝即可，表现出木屋处在绿荫环绕的景象之中。

（11）加重木屋的暗部颜色，用线条排列的方式表现，增强画面的空间立体感。最后调整整体画面，尤其是木屋质感的表现，完成画面的绘制。

8.1.2 砖房

砖房也是乡村建筑给人的最初印象，在乡村的自然环境之中，老院砖墙、草垛、土堆无不衬托着乡村的自然和谐。

【绘制要点】

- 要把握砖房的结构特征，表现出砖房墙面砖块的纹理与质感，注意建筑前后之间的遮挡关系等。
- 整体比例关系要准确，掌握画面的透视与构图关系。
- 学会利用黑白、虚实的对比加强画面的空间层次感。

绘制瓦片时，注意疏密关系的表现。

墙面的局部放大图，注意砖块纹理的表现。

【绘制步骤】

（1）从画面的局部开始绘制，画出一个砖房的屋顶与墙面的轮廓线，用自然的曲线绘制屋顶的瓦片，注意线条疏密的排列。

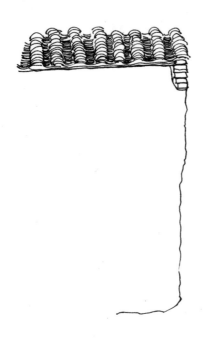

（2）在墙面的左边，绘制堆放的柴草，注意柴草之间的前后穿插关系。

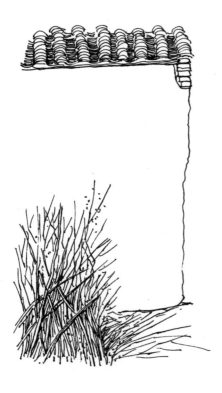

（3）绘制墙上的窗户与墙面破落处的砖块纹理，用横向排列的密线绘制窗户里面的暗部。

（4）继续绘制建筑墙角堆放的砖块。

（5）接着往右绘制建筑的轮廓线。

（6）给屋顶添加瓦片，注意亮部的留白，再继续给墙面添加窗户。

第8章

建筑钢笔手绘综合表现

（7）继续绘制最右边建筑的轮廓线。

（8）给墙面添加窗户，并绘制墙面的砖块纹理，注意不要画得太满。

（9）继续绘制画面最右边的植物与草堆。

（10）绘制画面中间远处的建筑，拉开画面的空间层次，加重近处右边画面的暗部，来增强整体画面的体积感。

（11）进一步刻画画面的细节，绘制墙面的暗部与地面的阴影，最后调整整体画面，完成绘制。

8.1.3 老村口

老村口体现着整个村庄的特征，也是村庄的入口。老村口的景象表现出村庄的和谐与安逸。手绘时，要抓住老村口典型的特征，描绘出老村口的风景。

【绘制要点】

● 要把握老村口的结构特征，注意画面物体前后之间的遮挡关系等。

● 整体比例关系要准确，掌握画面的透视与构图关系。

● 学会利用留白的形式完善画面的构图，丰富画面的内容，利用黑白、虚实的对比加强画面的空间层次感。

用乱线绘制植物的叶子，树枝只绘制轮廓线，注意叶子与树干要区分开。

用排列的线条绘制石头的暗部，亮部采用留白的形式，加强石块的体积感。

【绘制步骤】

（1）从画面的局部开始绘制，画出画面左边老树的树干，注意树干的分叉表现。

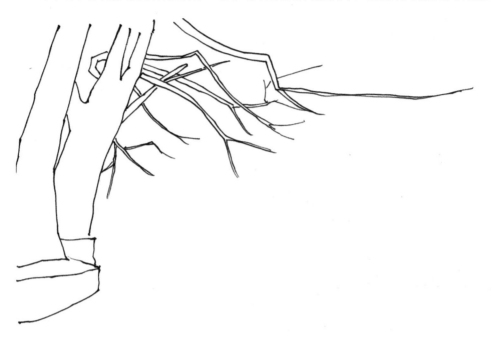

（2）绘制老树底下石块铺的地面，注意石块纹理、明暗与透视关系的表现。

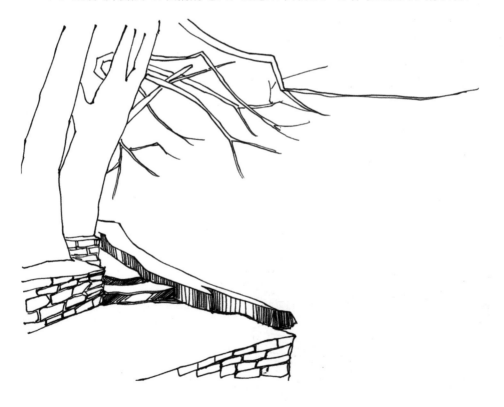

（3）继续绘制老树后面远处的建筑与石块堆砌的矮墙，注意近大远小透视关系的对比。

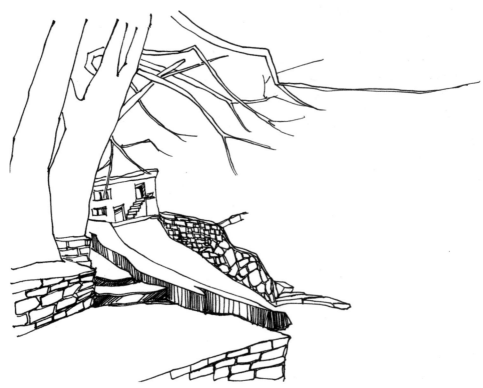

（4）给老树添加叶子，用自然的乱线表现。

（5）继续往右绘制植物的叶子，注意虚实关系的表现。

（6）绘制老树后面远处的建筑。

（7）继续往画面的右边绘制建筑。

（8）进一步刻画远处建筑的细节与背景植物的轮廓。

（9）绘制地面的细节与阴影，仔细刻画画面的细节。最后调整整体画面，完成绘制。

8.2 古建筑

古建筑一般都具有历史意义，例如在中国一些古老及旅游城市还有大量的古建筑。大部分古建筑秉承有山必有水，有水必有桥，有桥必有亭，有亭必有联，有联必有匾，构成古建筑独特的风景，体现出历史悠久的文化气息。

8.2.1 长城

长城在中国历史悠久，是世界上的一大奇迹。长城是古代在不同时期为抵御塞北游牧部落联盟侵袭而修筑的规模浩大的军事工程的统称。长城东西绵延上万华里，因此又称作万里长城。

【绘制要点】

- 要把握长城的结构特征，注意画面中前后之间的穿插关系等。
- 整体比例关系要准确，掌握画面的透视关系。
- 学会 S 形的画面构图，并利用黑白、虚实的对比，加强画面的空间层次感。

绘制配景植物时，注意采用留白的方法来表现出明暗对比关系，凸显体积感、空间感。

注意把握好长城建筑墙体的透视关系，结构转折要交代清楚。

【绘制步骤】

（1）用铅笔绘制出长城大概的外形轮廓，确定画面的构图与透视关系。

（2）在铅笔稿的基础上，用钢笔绘制出建筑准确的结构线，注意用线要肯定、流畅。

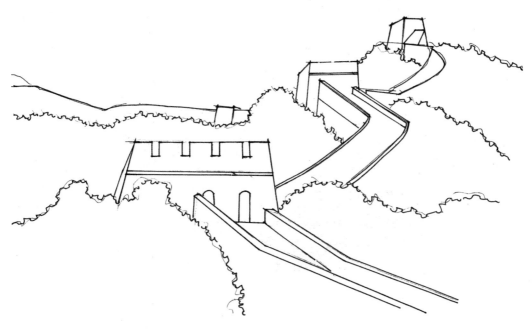

（3）用橡皮擦去画面中多余的铅笔线，保持画面的整洁。

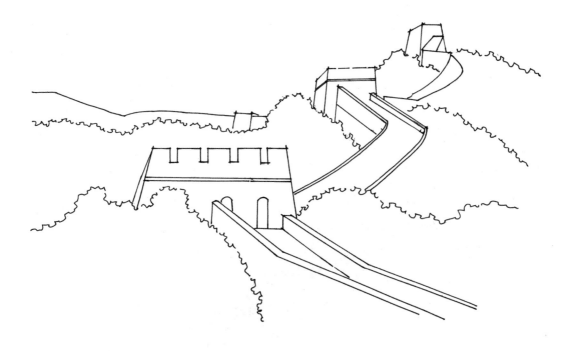

（4）仔细刻画长城的细节，从画面近处开始绘制，注意砖块纹理的表现。用排列的线条绘制门的暗部与墙面阴影，增强画面的空间立体感，注意线条的排列方向与疏密关系的表现。

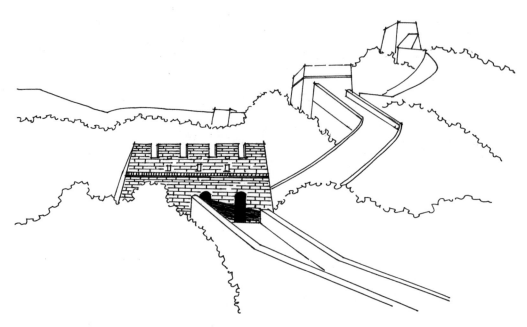

（5）继续绘制前面长城墙面的砖块纹理。

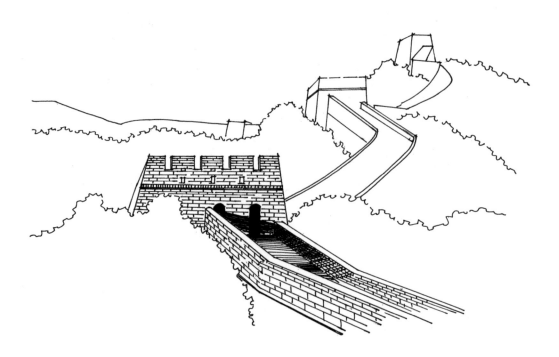

（6）接着往后绘制长城的墙面的细节。

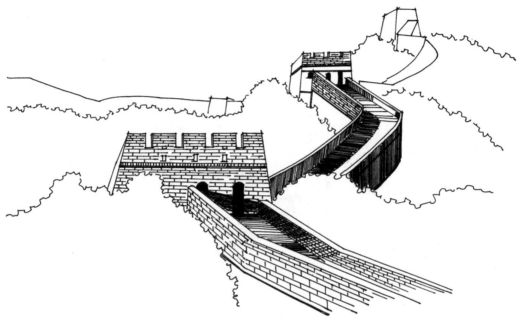

（7）继续往后绘制长城，表现出大体的明暗关系即可。

（8）在画面的前面绘制近景植物，注意表现出植物的特征。

（9）从前至后为画面添加配景植物的细节。

（10）绘制画面左边的远处植物，注意明暗关系的表现。

（11）继续给画面添加远景天空，丰富画面的空间层次。最后调整整体画面，完成绘制。

8.2.2 西安城墙

西安城墙又称西安明城墙，位于陕西省西安市中心区，是中国现存规模最大、保存最完整的古代城垣。古代武器落后，城门又是唯一的出入通道，因而这里是封建统治者苦心经营的防御重点。西安古城墙有东、西、南、北四座城门，分别有正楼、箭楼、闸楼三重城楼。角台上修有较敌台更为高大的角楼，表明了这里在战争中的重要地位。现在它本身已经成为文物了。

【绘制要点】

● 要把握城墙的结构特征，表现出墙面砖块的纹理与质感，注意画面中物体前后之间的遮挡关系等。

● 整体比例关系要准确，要掌握画面的透视与构图关系。

● 学会利用黑白、虚实的对比加强画面的空间层次感。

墙面的局部放大图，注意石块纹理虚实关系的表现。

局部放大图，注意近大远小的透视关系。

【绘制步骤】

（1）用铅笔绘制出城墙与配景植物大概的外形轮廓，确定画面的构图与透视关系。

（2）在铅笔稿的基础上，用钢笔绘制出城墙准确的结构线与植物的轮廓线，注意用线要流畅、肯定。

（3）用橡皮擦去画面中多余的铅笔线，保持画面的整洁。

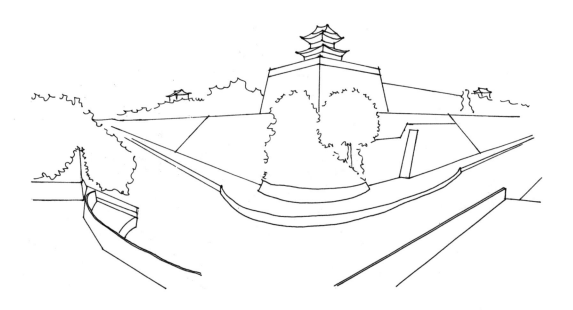

（4）仔细刻画城墙的细节，从画面近处建筑的局部开始绘制，注意砖块纹理疏密的表现，亮部可以适当采用留白的形式。

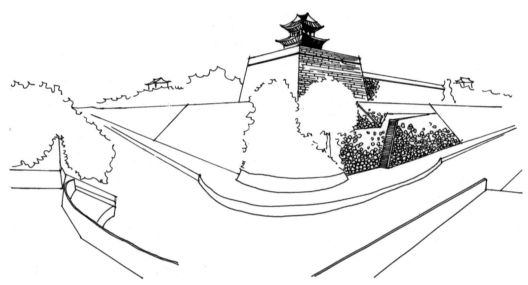

（5）继续绘制墙面的砖块纹理。

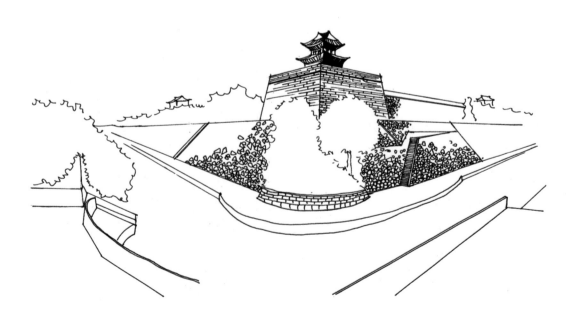

（6）绘制植物的细节，注意表现出植物的特征。

（7）继续往后绘制植物，表现出植物大体的明暗关系即可。

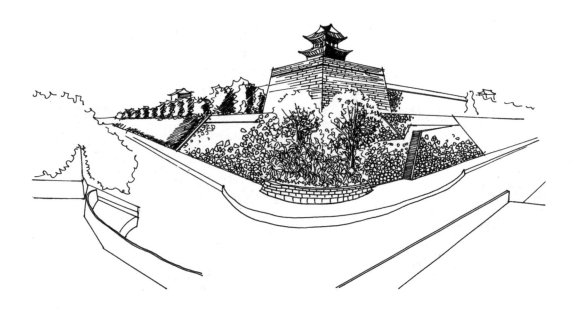

（8）绘制画面右边的远景植物。

（9）进一步绘制画面近处栏杆与地面的暗部。

（10）用线条绘制水面纹理与倒影，注意用线要自然流畅，表现出水轻柔的质感。

（11）为画面添加远景天空，丰富画面的空间层次。最后调整整体画面，完成绘制。

8.2.3 徽派建筑

徽派建筑是徽州地区具有徽州传统风格的民俗建筑，徽州古居街道较窄，白色山墙宽厚高大，灰色的马头墙造型非常的别致，是实用性与艺术性的完美结合。

【绘制要点】

- 要把握徽派建筑的结构特征，表现出墙面的特征，注意建筑前后之间的遮挡关系等。
- 整体比例关系要准确，掌握画面的透视与构图关系。
- 学会利用黑白、虚实的对比加强画面的空间层次感。

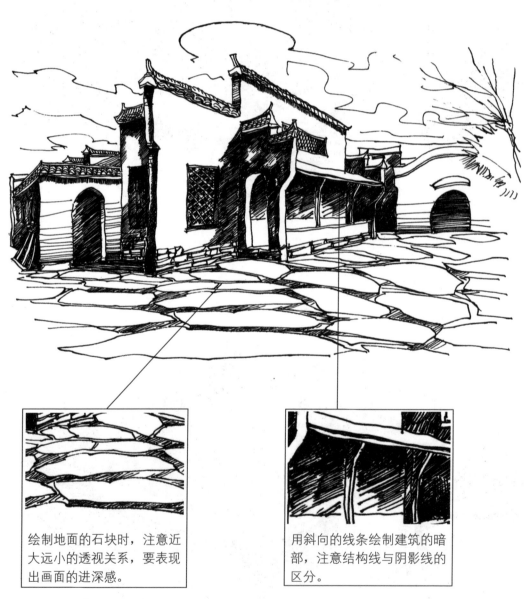

绘制地面的石块时，注意近大远小的透视关系，要表现出画面的进深感。

用斜向的线条绘制建筑的暗部，注意结构线与阴影线的区分。

【绘制步骤】

（1）从画面的局部开始绘制，画出建筑的屋顶与墙面的轮廓线，用自然的曲线绘制屋顶的瓦片。

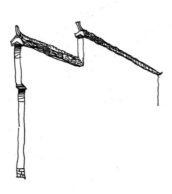

（2）继续往后绘制建筑的屋顶与墙面。

（3）往后绘制画面左边的建筑。

（4）绘制远处建筑的轮廓线。

（5）进一步绘制建筑的细节，给建筑的屋顶添加瓦片。

（6）绘制画面左边建筑的细节，用排列的密线绘制建筑的暗部，注意线条疏密关系的
表现。

（7）进一步绘制建筑墙面与窗户的细节。

（8）往后绘制建筑的细节与暗部。

（9）继续绘制远处建筑的暗部，注意线条的排列。

（10）用排列的线条加重建筑的暗部颜色，增强建筑的空间体积感。

（11）绘制地面石块的纹理与配景植物，进一步加强画面的空间立体感。

（12）为画面添加远景天空，丰富画面的空间层次。最后调整整体画面，完成绘制。

8.3 城市商业建筑

城市商业建筑一直被称为"凝固的音乐"，它不仅承载了建筑的艺术，而且还是城市文化、历史文化、地域文化、政治文化等的表现。商业建筑为现代建筑增添了无限的风光，成为现代文明的重要标志。商业建筑楼体的外观主要倾向残破、怪诞、无序的特点，随着生活节奏的加快，它必须符合时尚，顺应流行趋势的变化。

8.3.1 写字楼

一般写字楼都是高层的建筑，高层建筑的透视感强烈，四周环绕着宽大的马路，上面行驶着川流不息的车辆，体现着一个城市的繁荣与文明。

【绘制要点】

- 要把握写字楼的结构特征，表现出建筑墙面的纹理与质感，注意建筑前后之间的遮挡关系等。
- 整体比例关系要准确，掌握画面的透视与构图关系。
- 学会利用黑白、虚实的对比加强画面的空间层次感。

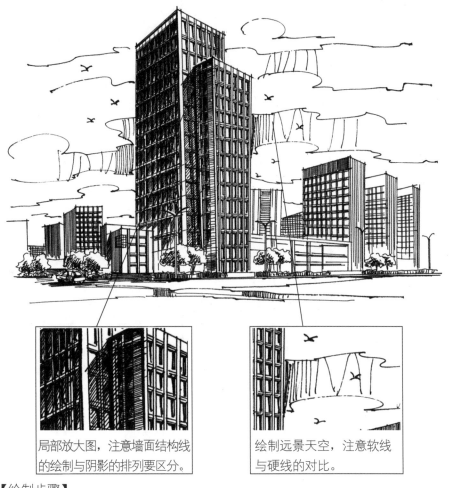

局部放大图，注意墙面结构线
的绘制与阴影的排列要区分。

绘制远景天空，注意软线
与硬线的对比。

【绘制步骤】

（1）用铅笔绘制出建筑与配景植物大概的外形轮廓，确定画面的构图与透视关系。

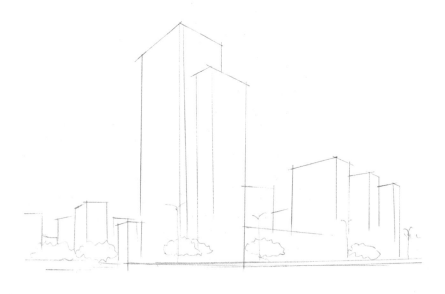

（2）在铅笔稿的基础上，用钢笔绘制出建筑准确的结构线与植物的轮廓线。用橡皮擦去画面中多余的铅笔线，保持画面的整洁。

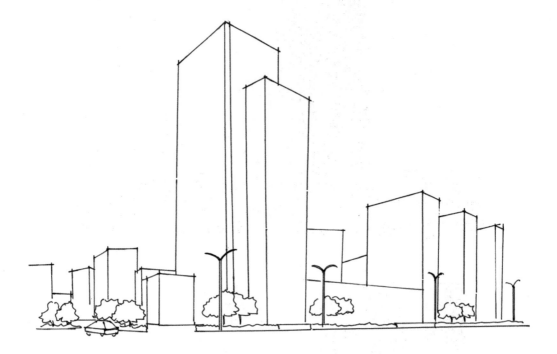

（3）绘制建筑主体的结构细节，表现出建筑结构的厚度感。

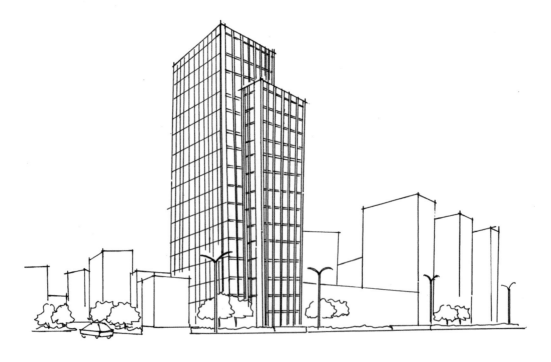

（4）加重建筑的暗部结构线，增强建筑的空间体积感。

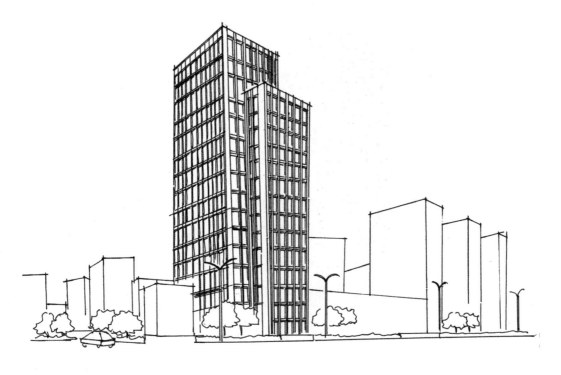

（5）继续绘制建筑的暗部，确定画面的明暗关系。

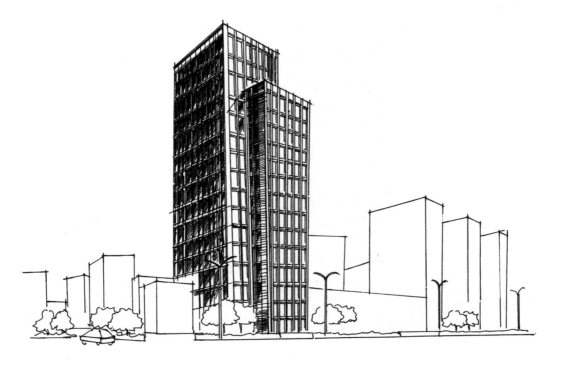

第8章

建筑钢笔手绘综合表现

（6）继续加重建筑的暗部。

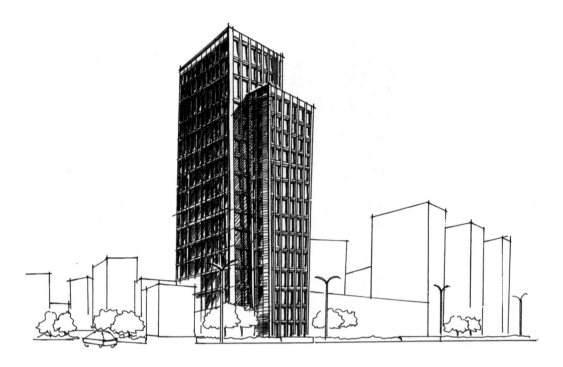

（7）绘制画面左边建筑的细节，表现出大概的明暗关系即可。

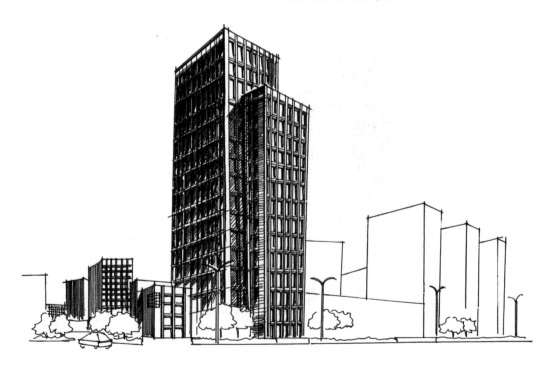

（8）继续绘制画面右边建筑的细节，同样，表现出大体的明暗关系即可。

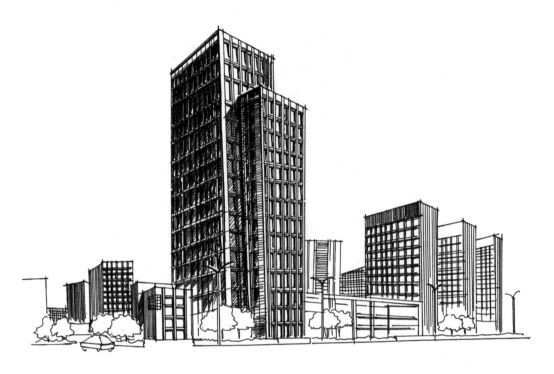

（9）进一步绘制配景植物的细节，表现出植物大概的明暗关系。

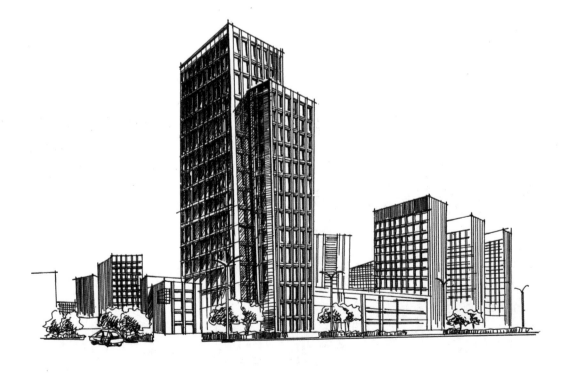

（10）为画面添加远景天空，丰富画面的空间层次。最后调整整体画面，完成绘制。

8.3.2 商业步行街

商业步行街是城市人口密集且流动性很大的地方，每一条商业街都有一定的主题风格，在绘制的过程中要表现出商业街建筑的动感、生命力。

【绘制要点】

- 要把握商业街的结构特征，表现出商业街的主题风格，注意建筑前后之间的遮挡关系等。
- 整体比例关系要准确，要掌握画面的透视与构图关系。
- 学会利用黑白、虚实的对比加强画面的空间层次感。

绘制比较长的线条时，采用分段绘制，可以活跃画面的气氛，注意线条的流畅性，要表现出建筑的动感与韵律。

绘制建筑的局部窗户时，注意近大远小的透视关系。

【绘制步骤】

（1）用铅笔绘制出建筑与配景人物大概的外形轮廓，确定画面的构图与透视关系。

（2）在铅笔稿的基础上，用钢笔绘制出画面左边建筑局部准确的结构线，注意用线要流畅、肯定。

（3）继续往右绘制建筑的结构线与人物的轮廓线。

（4）接着继续往右绘制。

（5）进一步绘制最右边建筑的结构线，注意用线要自然、流畅。

（6）用橡皮擦去画面中多余的铅笔线，保持画面的整洁。

（7）绘制画面左边建筑的细节。

（8）继续绘制建筑局部的细节。

（9）往右绘制建筑的细节结构。

（10）再绘制最右边建筑的细节结构。

（11）绘制地面阴影，仔细刻画建筑的细节。最后调整整体画面，完成绘制。

8.3.3 会所

　　会所即为俱乐部，随着时代的变迁，发展到今天的全球俱乐部景象时，会所已经成为中产阶级和相同社会阶层人士的聚会、休闲场所。会所建筑体现着一个城市的蓬勃发展与当地的风俗习惯。由于各地不同的风俗习惯，会所设计的形式、面积大小、位置、风格等也各不相同。

【绘制要点】

- 要把握会所的结构特征，表现出会所墙面材质的纹理与质感，注意建筑前后之间的遮挡关系等。
- 整体比例关系要准确，要掌握画面的透视与构图关系。
- 学会利用黑白、虚实的对比加强画面的空间层次感。

局部放大图，注意加重暗部线条的颜色。

局部放大图，注意用斜线绘制玻璃的反光。

【绘制步骤】

（1）用铅笔绘制出建筑与配景植物、人物、车辆大概的外形轮廓，确定画面的构图与透视关系。

（2）在铅笔稿的基础上，用钢笔绘制出建筑准确的结构线与配景的轮廓线，注意用线要流畅、肯定。

（3）用橡皮擦去画面中多余的铅笔线，保持画面的整洁。

（4）绘制建筑主体的结构细节，表现出建筑结构的厚度感。

（5）继续绘制建筑墙面的砖块纹理，注意透视关系的把握。

（6）继续加重暗部的结构线，用斜向排列的线条绘制暗部的墙面。

（7）继续绘制配景植物的暗部，确定植物的明暗关系。

（8）绘制花坛的暗部与地面的阴影。

（9）为画面添加远景天空，绘制地面的阴影，丰富画面的空间层次。最后调整整体画面，完成绘制。

8.4 文化建筑

文化代表着一个时代的特征，主要包括物质文化与非物质文化。常见的文化建筑包括艺术博物馆、歌剧院、美术馆等。

8.4.1 艺术博物馆

艺术博物馆是自然和人类文化以遗产的实物典藏、征集、陈列和研究的场所，以学习、教育为主要目的。博物馆建筑本身具有很浓的艺术气息，展现出博物馆独特的艺术风格。

【绘制要点】

- 要把握博物馆的结构特征，表现出建筑墙面材质的纹理与质感，注意建筑前后之间的遮挡关系等。
- 整体比例关系要准确，掌握画面的透视与构图关系。
- 学会利用黑白、虚实的对比加强画面的空间层次感。

局部放大图,注意建筑结构
的转折与明暗关系的对比。

绘制建筑暗部的排线时,注
意要有颜色的过渡与渐变。

【绘制步骤】

(1)用铅笔绘制出建筑与配景植物大概的外形轮廓,确定画面的构图与透视关系。

（2）在铅笔稿的基础上，用钢笔绘制出建筑准确的结构线，注意用线要流畅、肯定。

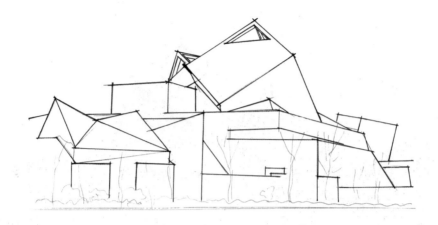

（3）继续用钢笔绘制出配景植物的轮廓线，注意用线要自然、流畅。

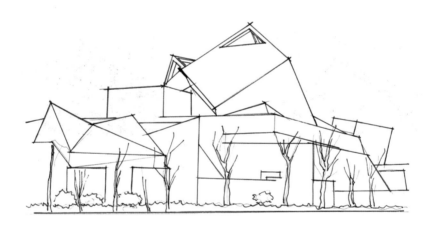

（4）用橡皮擦去画面中多余的铅笔线，保持画面的整洁。

（5）给建筑添加细节结构，注意结构线条的走向。

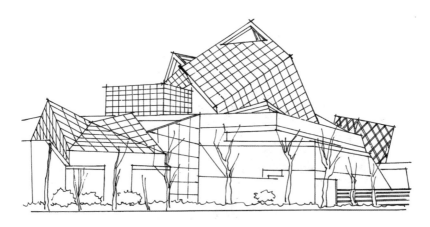

（6）从局部开始仔细刻画，用排列的密线加重建筑的暗部颜色，确定画面大概的明暗关系。

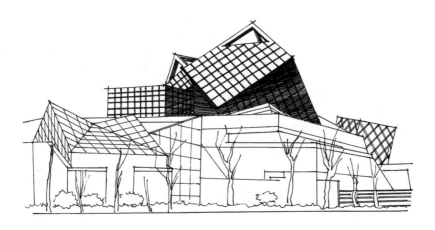

（7）继续绘制画面左边建筑的细节。

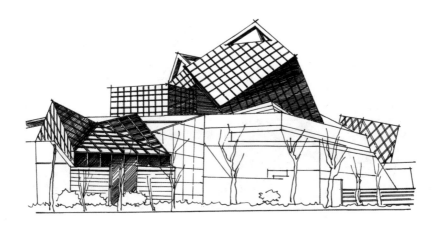

（8）依次往右继续绘制。

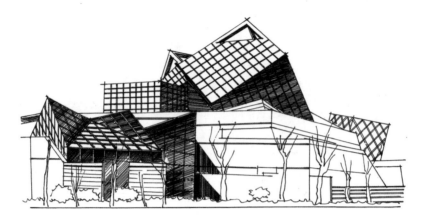

（9）继续绘制画面右边建筑的细节。

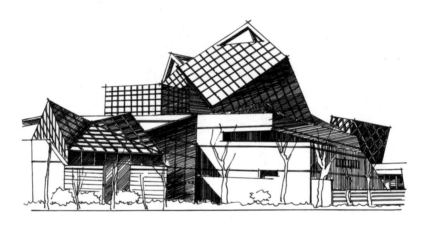

（10）绘制配景植物的暗部。

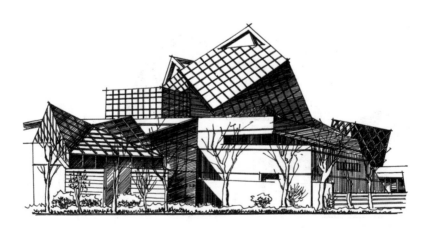

（11）为画面添加远景天空，丰富画面的空间层次。最后调整整体画面，完成绘制。

8.4.2 歌剧院

歌剧院是一种具有艺术特色的建筑，一般建筑外形都很独特。

【绘制要点】

● 要把握歌剧院的结构特征，表现出建筑材质的纹理与质感，注意建筑前后之间的遮挡关系等。

● 整体比例关系要准确，掌握画面的透视与构图关系。

● 学会利用黑白、虚实的对比加强画面的空间层次感。

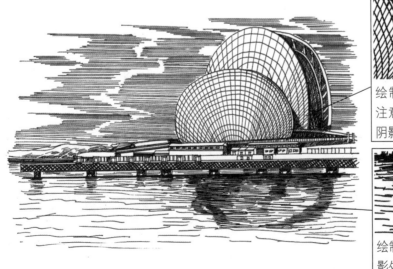

绘制建筑的暗部时，注意要区分结构线与阴影的排线。

绘制水面时，注意倒影处的排线要密集。

【绘制步骤】

（1）用铅笔绘制出建筑大概的外形轮廓，确定画面的构图关系。

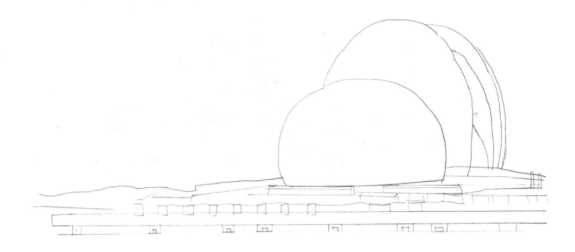

（2）在铅笔稿的基础上，用钢笔绘制出建筑准确的结构线，注意用线要流畅、肯定。

（3）用橡皮擦去画面中多余的铅笔线，保持画面的整洁。

（4）绘制建筑主体的结构细节，表现出建筑结构的厚度感。

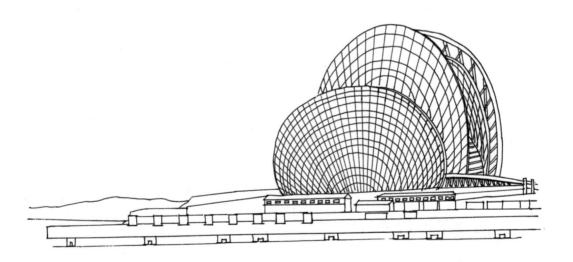

233

第8章

建筑钢笔手绘综合表现

（5）继续绘制建筑前面桥梁栏杆的细节。

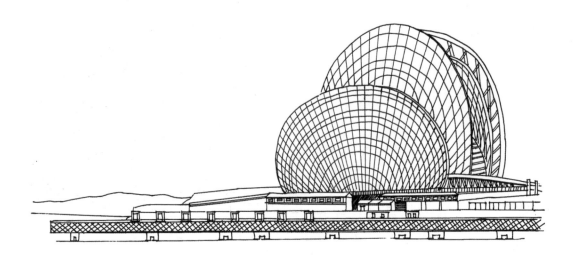

（6）仔细刻画建筑的暗部，确定画面大概的明暗关系。

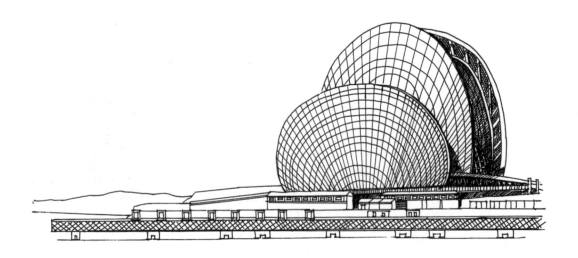

（7）进一步绘制建筑前面桥梁栏杆的细节。

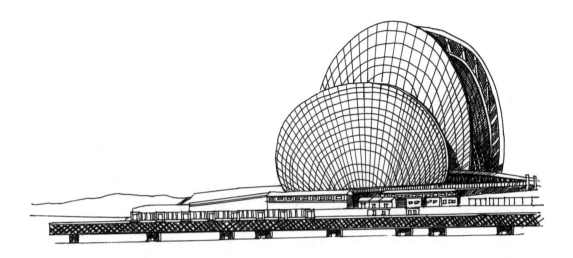

（8）绘制远景的细节，表现大体的明暗即可。

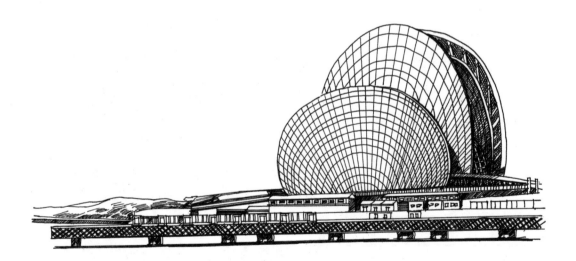

（9）绘制水面与建筑在水面的倒影，注意用线要自然，要表现出水轻柔的质感。

（10）最后为画面添加远景天空，丰富画面的空间层次，调整整体画面，完成绘制。

8.5 课后练习

1. 了解不同建筑的结构特征。

2. 绘制下面图片的钢笔手绘效果图。

第 8 章　建筑钢笔手绘综合表现

237

前面章节中讲解了建筑钢笔手绘的综合表现，本章主要是一些作品赏析，供读者临摹学习，从而更好地绘制出优秀的钢笔手绘图。

作品赏析

第 9 章

▶ 范例一 ◀

▶ 范例二 ◀

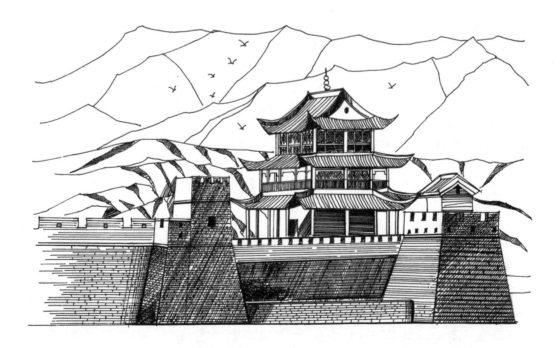

▶ 范例三 ◀

▶ 范例四 ◀

第9章 作品赏析

▶ 范例七 ◀

▶ 范例八 ◀